湿　地

地球知识编委会　编著

中国大百科全书出版社

图书在版编目（CIP）数据

地球知识. 湿地 / 地球知识编委会编著. -- 北京：中国大百科全书出版社，2025. 1. -- ISBN 978-7-5202-1806-1

Ⅰ．P183-49

中国国家版本馆 CIP 数据核字第 20247108SD 号

总 策 划：刘 杭 郭继艳
策划编辑：王 阳
责任编辑：王 阳
责任校对：闵 娇
责任印制：王亚青
出版发行：中国大百科全书出版社有限公司
地 址：北京市西城区阜成门北大街 17 号
邮政编码：100037
电 话：010-88390811
网 址：http://www.ecph.com.cn
印 刷：唐山富达印务有限公司
开 本：710mm×1000mm 1/16
印 张：10
字 数：100 千字
版 次：2025 年 1 月第 1 版
印 次：2025 年 1 月第 1 次印刷
书 号：ISBN 978-7-5202-1806-1
定 价：48.00 元

—— 总　序

　　这是一套面向大众、根植于《中国大百科全书》第三版（以下简称百科三版）的百科通俗读物。

　　百科全书是概要记述人类一切门类知识或某一门类知识的完备的工具书。它的主要作用是供人们随时查检需要的知识和事实资料，还具有扩大读者知识视野和帮助人们系统求知的教育作用，常被誉为"没有围墙的大学"。简而言之，它是回答问题的书，是扩展知识的书。

　　中国大百科全书出版社从 1978 年起，陆续编纂出版了《中国大百科全书》第一版、第二版和第三版。这是我国科学文化建设的一项重要基础性、标志性、创新性工程，是在百年未有之大变局和中华民族伟大复兴全局的大背景下，提升我国文化软实力、提高中华文化国际影响力的一项重要举措，具有重大的现实意义和深远的历史意义。

　　百科三版的编纂工作经国务院立项，得到国家各有关部门、全国科学文化研究机构、学术团体、高等院校的大力支持，专家、学者 5 万余人参与编纂，代表了各学科最高的专业水平。专家、作者和编辑人员殚精竭虑，按照习近平总书记的要求，努力将百科三版建设成有中国特色、有国际影响力的权威知识宝库。截至 2023 年底，百科三版通过网站（www.zgbk.com）发布了 50 余万个网络版条目，并陆续出版了一批纸质版学科卷百科全书，将中国的百科全书事业推向了一个新的高度。

　　重文修武，耕读传家，是我们中国人悠久的文化传承。作为出版人，我们以传播科学文化知识为己任，希望通过出版更多优秀的出版物来落实总书记的要求——推动文化繁荣、建设中华民族现代文明，努力建设中国式现代化强国。

为了更好地向大众普及科学文化知识，我们从《中国大百科全书》第三版中选取一些条目，通过"人居环境""科学通识""地球知识""工艺美术""动物百科""植物百科""渔猎文明""交通百科"等主题结集成册，精心策划了这套大众版图书。其中每一个主题包含不同数量的分册，不仅保持条目的科学性、知识性、准确性、严谨性，而且具备趣味性、可读性，语言风格和内容深度上更适合非专业读者，希望读者在领略丰富多彩的各领域知识之时，也能了解到书中展示的科学的知识体系。

衷心希望广大读者喜爱这套丛书，并敬请对书中不足之处给予批评指正！

《中国大百科全书》编辑部

"地球知识"丛书序

　　地球是已知的唯一存在生命的天体,是一个充满生命和活力的星球,其独特的地理和环境条件为生命的诞生和繁衍提供了可能。同时,人类也在不断探索和利用地球资源的过程中,努力寻求与地球和谐共生的方式。本套丛书选择了森林、绿地、湿地和海洋四类与人类生存和发展息息相关的地球资源加以介绍,因为它们的价值以及为人类文明的发展和延续提供的助益难以估量。

　　为便于广大读者了解地球知识,编委会依托《中国大百科全书》第三版世界地理、中国地理、生态学、林业、人居环境科学等学科各分支领域内容,精心策划了"地球知识"丛书。丛书编为《森林》《绿地》《湿地》《海洋》等分册,图文并茂地介绍了这几类地球资源的分布、功能、重要性与保护措施。

　　森林在人类发展的早期阶段扮演着至关重要的角色,为人类提供了食物、生活材料和庇护。如今,人们更加关注的是森林的生态效益,是其在净化空气、涵养水源、保持水土、防风固沙等方面所起到的不可替代的作用。绿地是用于改善生态、保护环境、美化景观和为居民提供游憩场地的城市绿化用地,在城市生活中可谓随处可见。防护绿地、生产绿地、公园绿地、附属绿地,都在默默地为改善城市环境、提高居民生活质量做着贡献。湿地是地球上不可或缺的生态系统,人们所熟知的沼泽、滩涂、泥炭地等都属于这一范畴。其主要功能集中在调蓄水源、净化水质、调节气候和提供野生动物栖息地等方面。海洋是浩瀚而神秘的，其覆盖了地球表面的 71%，但人们只探索了其中的 5%。它为人类提供了丰富的资源和生态服务，许多民族的传统文化和神话故事都与它紧密相关，它早已成为人类文化和精神生活的重要组成部分。

希望通过《中国大百科全书》第三版大众版"地球知识"丛书的出版，帮助读者朋友进一步了解人类的共同家园——地球，在收获知识的同时，认识到维护生态平衡的重要性，重视对地球环境和资源的保护，为地球的未来贡献自己的力量。

地球知识丛书编委会

目 录

第4章 湿地水文 59

第5章 湿地资源 69

第6章 湿地监测 75

第7章 湿地景观 77

第 8 章　湿地保护　91

湿地自然保护区 135

第**1**章

湿地类型

滨海湿地

滨海湿地是陆地生态系统和海洋生态系统的交错过渡地带，包括海平面以下 6 米至大潮高位之上与上流江河流域相连的微咸水和淡浅水湖泊、沼泽以及相应的河段间的区域，是海岸带中具有特定自然条件、复杂生态系统和特殊经济意义的功能区块。

由于海陆交互作用的复杂性，所形成的各种滨海湿地类型间不仅植被类型有所差异，而且在水文特征、沉积物特征类型上也有显著不同。《湿地公约》分类系统中的各类滨海湿地可能在同一区域嵌套分布，不易区分。

◆ 演替

滨海湿地的演替十分显著，尤其在淤泥质滨海湿地，潮滩高程和水淹周期经常改变，从而造成植物群落的变化。以长江口为例，潮下带和低潮带长期被水淹没，加上咸淡水交汇过程中产生的盐度胁迫，没有高等植物生长；泥沙逐渐淤积之后，暴露时间延长，海三棱藨草等先锋物种开始在光滩上生长，并形成密度较高的群落；当高程增加到 2.5 米左右时，芦苇开始生长，并逐步替代海三棱藨草，形成大片的单优群落；在往陆地方向的潮上带部分，开始出现陆生的杂草和灌木。下图展示了滨海湿地的植被演替情况。

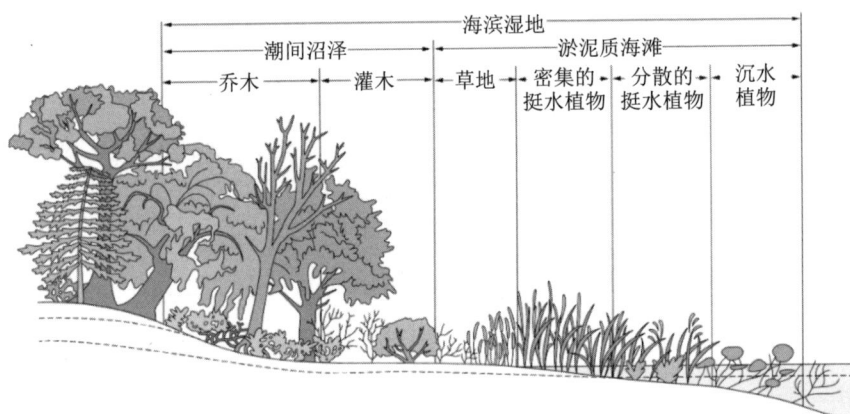

滨海湿地植被演替情况

◆ **生态系统服务功能**

滨海湿地在调蓄洪水、促淤造陆、维持生物多样性、控制污染、为滨海居民提供可持续生计等方面发挥着重要的作用。

滨海湿地中的红树林湿地具有显著的防风消浪、固堤护岸作用。据测算，覆盖度大于 40%、宽度 100 米左右、高度 2.5 ～ 4.0 米的红树林，其消浪系数能达到 80%，当台风登陆海岸带时，有红树林防护的岸段受到的损伤显著小于直接暴露在台风之下的裸露岸滩。另外，红树林的各种气生根和呼吸根发达，在降低海水流速的同时，沉积了大量的泥沙，达到促淤造陆的效果。

河口带来的大量悬浮物和营养盐在滨海湿地汇集沉淀，给生物种群的栖息和繁衍提供了良好的自然生态环境。因此，滨海湿地是鱼类、鸟类、底栖动物和浮游生物的栖息地和繁殖地，支持着丰富的生物多样性。

滨海湿地水动力条件比较强烈，有利于污染物在水体中发生推移迁徙，因而有利于近岸水体中污染物的稀释和扩散，水体悬沙对污染物的吸附凝聚及污染物在水相、悬浮物发生的化学反应也能促进污染物的降解。此外，滨海湿地植被、微生物、浮游生物、底栖生物和鱼类等组成的生物群落，对近岸水体的环境净化也起到了非常重要的作用。

滨海湿地

人类利用滨海湿地资源的历史来源已久。滨海湿地为人类提供了丰富的渔业、盐业资源和便利的港口航运，不少滨海湿地还蕴含着大量的油气资源，为国民经济的发展提供了重要的支撑。滨海湿地已经逐步发展出农、林、牧、副、渔、盐等多种经营的综合开发利用模式。

◆ 中国滨海湿地的面积和分布

2014 年 1 月公布的第二次全国湿地资源调查结果显示，中国湿地总面积 5360.26 万公顷，其中滨海湿地面积 579.59 万公顷，占全国湿地总面积的 12.42%。

中国滨海湿地的分布以杭州湾为界。杭州湾以北的滨海湿地，除山东半岛和辽东半岛的部分地区为基岩性海滩外，多为砂质和淤泥质海滩。由环渤海滨海湿地和江苏滨海湿地组成。环渤海滨海湿地主要由辽河三角洲和黄河三角洲组成，江苏滨海湿地主要由长江三角洲和废黄河三角洲组成。杭州湾以南滨海湿地以基岩性海滩为主，其主要河口及海湾有钱塘江－杭州湾、晋江口－泉州湾、珠江口河口湾和北部湾等。在河口及海湾的淤泥质海滩上分布有红树林，从海南省至福建省北部沿海滩涂及台湾西海岸均有天然红树林分布。在西沙群岛、南沙群岛及台湾、海南沿海分布有热带珊瑚礁。

海草湿地

海草湿地是以海草类植物为植被建群种的滨海型湿地。

海草生长于世界大部分的浅海泥沙基质型海岸与河口地区，通常在沿海潮下带浅水6米以上（少数深达30米）的环境中形成广大的海草场，其重要性可与红树林及珊瑚礁相提并论，是一种经常被人忽视的重要海洋生境。

◆ 海草类群

从物种组成上来看，中国的海草类植物主要归于水鳖科和眼子菜科，皆属单子叶植物。从地理分布上看，可以分为3个类群：①分布在中国海南岛和三沙的热带地区种类，如海菖蒲、泰来藻和丝粉藻，还有泛热带－亚热带分布的喜盐草、小喜盐草、二药藻和全楔草等。②分布于中国广西的亚热带地区种类针叶藻。③分布于温带的种类，如大叶藻、丛生大叶藻和红纤维虾海藻等。同时，海草群落在垂直方向上也有一定的分布特征，如阔叶大叶藻仅局限于潮下带，而虾海藻的分布范围较宽，从低潮带直至潮下带下部，甚至水深30米处也有出现；不同种类的海草之间也存在着竞争的关系，其种群间的分布也会因各种类生态习性的不同而互相更迭。

◆ 海草形态特点

海草进化发展中对海洋环境具有一些特异的形态适应。一般具有极发达的根茎，并与底泥紧密地结合在一起，根一般从根茎上或各短枝的基部长出，不同于陆生植物的纤维根，海草通常具有较厚而多肉质的根。叶片通常扁平，呈丝带状或横断面呈圆柱状，能在经受水的运动时保持直立状态。花粉和花的形态特征较为适合水媒传粉。花一般较小，花粉通常释放呈胶状团，由水流携带。花粉粒细长形或者为球形，排成黏在一起的一串念珠状链。同时，海草的根茎叶各部分都具有通气组织，有助于叶子的漂浮和气体交换。综合来说，海草具有适应于盐介质的能力，有一个发达的支持系统来抵抗波浪与潮汐，有在海水覆盖的情况下完成正常生理活动以及实现花粉释放和种子散布的能力，具备在特殊的海洋环境下竞争与延续的能力。

◆ 生态意义

海草湿地的重要生态意义主要体现在 4 个方面：①海草通过光合作用，补充海水中的氧气，并通过新陈代谢吸收利用海水中的营养盐，降解有毒的有机化合物，从而净化水体。②密布的海草可以通过减缓水流使大量浮沙沉积，并且丛生的根茎可以稳定沉积物，防止底沙上悬浮浊水体。③海草湿地是浅海水体食物网的重要基础，具备较高的生产力，以支持生态系统的次级生产。④死亡后的海草可为复杂的海洋腐生食物链提供基础。

随着人类活动的加剧，一直被认为较为稳定的海洋生态系统也在发生重大的变化。海草湿地及其植被的破坏直接造成海洋和海岸生物栖息地的丧失，并导致近海渔场的衰落，浅海水域生物多样性下降以及珍稀海洋生物的消失。例如以海草为食的中国国家一级重点保护海洋野生动物儒艮已经濒于灭绝。因此，海草湿地亟待更深入的保护与研究。

河口湿地

河口湿地是位于江河入海的海陆交界处，由两种截然不同的大生态系统在此强烈作用而形成的高物质多样性和多功能的生态边缘区。

由于河流、潮汐等作用，湿地面积会向海扩展或收缩。河口湿地在湿地分类系统中属于滨海湿地大类，主要包括河口三角洲、河口水域、红树林和潮间带沼泽等类型。

河口湿地的特点为：①处于动态变化中。河口湿地形成历史并不久远，主要是河流与海洋在河流入海处相互作用而形成，这种相互作用（淤积、冲刷、断流等）使河口湿地处于动态变化中。②生态系统复杂。河口湿地是多种生态系统的复杂统一体，包含淡水生态系统、海水生态系统、咸淡水生态系统、潮滩湿地生态系统等，各种物理、化学、生物和地质过程耦合多变，生态敏感脆弱。③生境类型丰富。河口湿地的地形地貌、沉积物的理化性质，以及水的深浅和盐度在时空上的变化使得河口湿地的生境类型丰富，具有较高的生物多样性，是许多生物栖息和繁殖的场所。④地理位置重要。河口湿地位于河流入海的三角洲地区，往往具备优越的地理位置，丰富的油气资源、港口资源等，具有非常重要的经济地位。⑤湿地功能逐渐退化。受人类城市化开发、农业垦殖、矿产资源开发等活动影响较大，河口湿地面积减小，湿地功能逐渐退化。

中国的河口湿地大多数分布在东部沿海，自北向南面积较大的有鸭绿江、辽河、滦河、海河、黄河、长江、钱塘江、瓯江、闽江、韩江、珠江和南渡江等河口湿地。

红树林湿地

红树林湿地是位于热带、亚热带低能海岸潮间带上部，受周期性潮水浸淹，以红树植物为主要植被的潮间滨海湿地。

红树林湿地作为重要的滨海湿地类型已列入《关于特别是作为水禽栖息地的国际重要湿地公约》湿地分类系统及中国近海及海岸湿地分类系统。

◆ 类型与影响因素

不同类型的红树林湿地有不同的地形学和水文学特征。根据地形学元素，可将红树林湿地分为 5 种类型：河流控制型、潮汐控制型、波浪控制下的潟湖、河流与波浪联合控制型、被淹没的河床峡谷。

红树林湿地的分布受到多种环境因素的影响。总体上，红树林生长必须具备的条件有：一定温度范围、沉积物粒径较小、隐蔽的海岸线、潮水可以到达、具有一定的潮差、有洋流影响和具有一定宽度的潮间带。

◆ 生物特征

发育较好的红树林一般可分为乔木、灌木和草本植物 3 层，还常见有鱼藤、球兰和眼树莲等藤本和附生植物。红树林植物具有非常显著的适应水淹生境的生理学特征，如支柱根（气生根）、呼吸跟和板根等各种特化的根系，此外还有特殊的胎生繁殖现象，即种子在没有离开母树时就开始发芽，生长成为绿色棒状或纺锤形的胚轴，到发育成熟时脱离母树而坠入淤泥中，或随潮水去往其他滩涂，能很快生根发芽，长为幼树。

◆ **生态系统服务功能**

红树林为适应海岸潮间带的环境，形成了独特的形态结构和生理生态特性。涨潮时，红树林可被淹没，成为"海底森林"；退潮时，成片覆盖在淤泥滩上，成为点缀海岸的"绿洲"。红树林湿地不但具有防风消浪、保护堤岸、促淤造陆、净化环境、改善生态状况等多种功能，而且还是水禽重要的栖息地，也是鱼、虾、蟹、贝类生长繁殖的场所。在美国生态经济学家 R. 科斯坦萨等人对全球 16 种生态系统服务价值进行的评估中，红树林位列第 4，足见其生态系统服务价值的重要性。红树林湿地已成为国际上湿地生态保护和生物多样性保护的重要对象。

◆ **中国红树林湿地的分布和保护状况**

20 世纪 50 年代至 2000 年，在自然因素和人为干扰的双重驱动下，中国红树林湿地面积从 42001.0 公顷下降至 22024.9 公顷，减少比例接近 50%。

2000 年后，由于中国政府重视湿地的保护和恢复工作，实施了一批红树林生态恢复和修复工程，采取人工造林的方式增加了红树林的面积，2000～2013 年红树林湿地面积快速增长。2014 年 1 月公布的第二次全国湿地资源调查结果显示，中国红树林湿地分布范围北起浙江温州乐清湾，西至广西中越边境的北仑河口，南至海南三亚，海岸线长达 14000 多千米，总面积 34472.1 公顷，行政区划涉及浙江、福建、广东、广西和海南 5 省区的 50 余个县级单位。全国红树林分布区域有各级各类自然

白鹭在东寨港保护区中的红树林上空飞翔

海南新盈红树林国家湿地公园的红树林

保护区 28 个，保护红树林湿地面积达 26093.1 公顷；湿地公园 9 个，保护红树林湿地面积 883.5 公顷。

河流湿地

河流湿地是常年或季节性有河水径流的河床部分，以及因河水泛滥而形成的河滩、河心洲、河谷，河水季节性泛滥的草地和内陆三角洲。

河流湿地包括永久性河流、季节性或间歇性河流、洪泛平原湿地以及喀斯特溶洞湿地。

◆ **特征**

河流湿地储存了丰富的淡水资源，特别是中国青藏高原、云贵高原、天山、阿尔泰山发育的长江、黄河、雅鲁藏布江、珠江、元江—红河、澜沧江—湄公河、怒江—萨尔温江、伊洛瓦底江、伊犁河、额尔齐斯河、印度河等大江大河，为亚洲约 30 亿人提供淡水资源。

河流湿地水量充沛，径流量大，随季节变化而年内分配不均。中国年平均降水总量约 6 亿多立方米，约有 44% 形成径流，总量达 27000 亿立方米，占世界河川总径流量的 6.6%，仅次于巴西、俄罗斯，居世界第三位。其中，长江径流量最为丰富，占中国河流湿地径流量的 36% 左右。中国河流湿地虽然水量充沛，但季节更替变化明显，夏季水量集中，冬季水量稀少。

高原地区河流湿地集水区狭长，补给方式复杂，切割深、落差大、水流湍急，浮游生物和鱼类丰富，河滩湿地不发育，湿地植物较少，但干扰相对较小，水质优良。平原区河流湿地资源丰富、水网密布，但干扰强度大，水质污染严重。

◆ **中国河流湿地分布**

根据 2014 年 1 月公布的第二次全国湿地资源调查结果，中国河流湿地面积 1055.21 万公顷，占自然湿地总面积的 22.61%。受地理条件和气候因素的影响，中国绝大多数河流分布在东部气候湿润多雨的季风区，西北内陆气候干旱少雨，河流较少。中国河流分为内流河和外流河，内外流河的分界线是从大兴安岭西麓起，沿东北—西南向，经阴山、贺兰山、祁连山、巴颜喀拉山、念青唐古拉山、冈底斯山，直到中国西端国境。分界线以东以南为外流河，外流区的河流湿地面积 801.31 万公顷；分界线以西以北，除额尔齐斯河流入北冰洋外，均属内陆河，内流区河流湿地面积 253.90 万公顷。

洪泛湿地

洪泛湿地是河流泛滥时淹没的河流两岸地势平坦区域，又称泛洪湿地、洪泛平原湿地。

洪泛湿地是水陆自然景观的重要组成部分，是流域中水陆相互作用的交错带，对河流与陆地之间的水文、水力和生态联系起着过渡和纽带作用，是典型的地表水文过渡带。为河流湿地的一种，包括河滩、洪泛河谷以及季节性洪泛草地。在常年积水的牛轭湖湿地生长各种水生植物和薹草、芦苇等沼泽植物，季节积水湿地生长沼泽化草甸和灌丛植物。

洪泛湿地具有蓄洪防旱、调节气候、控制土壤侵蚀、降解环境污染物等重要功能，还起到接纳雨水、补充地下水层的作用。洪泛湿地在洪水季节拦蓄降水，承接滞留溢出河槽的洪水；在洪峰过后的枯水季节，洪泛湿地又能缓缓释放补给河道生态用水，维系河川的基流，缩短下游河道干枯的时间，实现对河川径流的调节。洪泛湿地接纳水陆两相的营养物质，形成复杂的生态环境，具有很高的天然肥力，因此成为物种集中分布的区域，是鱼类、迁徙鸟类及多种珍稀和濒危水禽生存、繁衍、栖息的场所和迁徙通道。自 20 世纪中叶以来，各种水利工程修建，特别是沿江、河筑堤，将洪水控制在沿河窄长地带，只有大洪水年才能漫堤进入堤外平原。因此，随着水利工程修建和调洪级别的提高，堤外的泛洪面积逐渐变小，但堤内泛洪湿地一般发育较好。

喀斯特溶洞湿地

喀斯特溶洞湿地是喀斯特地貌下形成的溶洞集水区或地下河／溪。由石灰岩地区地下水长期溶蚀碳酸盐岩形成，是列入《湿地公约》的一种湿地型。

喀斯特溶洞湿地在全球均有分布，世界上最大的溶洞是北美洲阿巴拉契亚山脉的猛犸洞。中国典型的喀斯特溶洞湿地分布于西南地区，如云南路南石林、贵州的九龙洞等。

喀斯特溶洞湿地可为特殊的生物提供栖息地。生活于喀斯特溶洞湿地中的动物一般有鱼类、节肢类和两栖类等动物，由于在溶洞内光是限制因素，生物往往能适应黑暗环境。它们一般视觉较弱，具有细长的身形和附肢，也称为穴居动物。它们有些以溶洞内的真菌为食，有些以水流携带的有机物为食。喀斯特溶洞湿地一般远离地表，气候变化不明显，因此溶洞中的生物可以避开地表的灾害和生物灭绝事件，得以长久生存，被称为"活化石"。

喀斯特溶洞湿地具有特殊的文化意义。远古人类以溶洞为栖息场所，保留了大量石器时代的信息。中国贵州省100多处史前遗址中，洞穴遗址占90%以上，较为罕见。黔西观音洞穴中保存的古石磨坊，可反映古人类曾在溶洞内生息繁衍。这种以洞为居的生活方式，从史前一直延续到近代，并在长期的发展中形成了具有鲜明地方特点和浓郁民族特色的喀斯特溶洞文化。

湖泊湿地

大多数湖泊中间深、周边浅，湖泊湿地是在枯水期水深 2 米以上的部分，并且总面积不低于 8 公顷，是湖泊的一部分。如果湖泊受潮汐的影响，由潮汐导致的盐度应该小于 5%。对于一些淤浅程度高的浅水湖泊，则可整体都属于湖泊湿地。

湖泊湿地包括永久性和季节性的淡水湖和咸水湖。根据初级生产者的不同，可以将湖泊湿地分为草型湖泊湿地和藻型湖泊湿地。①草型湖泊湿地。植被以水生植物为主，包括沉水植物、漂浮植物和挺水植物。由于沉水植物对水体透明度要求较高，当水体里的藻类或泥沙含量过高时，会抑制沉水植物的生长，因此一般草型湖泊的水质较好。②藻型湖泊湿地。如果湖泊湿地受到人为因素影响，导致湖泊水生维管束植物被大量破坏，水体中营养盐浓度过高，水体中的浮游植物大量繁殖，可能致使水域发生水华，成为藻型湖泊湿地。

中国是多湖泊国家，根据自然条件差异和资源利用、生态治理的区域特点，中国湖泊划分为东部平原地区湖泊、蒙新高原地区湖泊、云贵高原地区湖泊、青藏高原地区湖泊、东北平原与山区湖泊 5 个自然区域。2014 年 1 月公布的第二次全国湿地资源调查结果显示，全国有 8 公顷以上的湖泊湿地 85938 平方千米，其中 78.58% 的湖泊湿地分布于长江中下游平原和青藏高原。青海湖面积为 4000 多平方千米，是中国最大的内陆湖和咸水湖。

湖泊湿地是淡水资源的重要储存器和调节器，在流域水资源供给和洪水调蓄方面发挥着不可替代的作用，尤其是在中国东部平原区，湖泊湿地承担的供水和防洪功能在保障流域居民安居乐业方面的地位更是举足轻重。然而，随着区域气候环境变化和人类活动干扰加剧，不仅湖泊数量、形态和分布发生了巨大变化，而且湖泊水量、水质和水生生物种群与数量变化也十分显著。20 世纪 40 年代末，长江中下游地区湖泊面积约有三分之一被围垦，围垦总面积超过 13000 平方千米，约相当于五大淡水湖面积（鄱阳湖、洞庭湖、太湖、洪泽湖、巢湖）总和的 1.3 倍，因围垦而消亡的湖泊达 1000 余个。湖泊湿地生态系统退化、水体富营养化、洪水调蓄能力降低和受人类活动干扰强烈等成为中国湖泊普遍面临的重大问题。

盐湖湿地

盐湖湿地是盐湖及其与周边的盐沼构成的湿地。

中国盐湖湿地集中在广大的内流湖区。由青藏高原起，沿新疆、宁夏、内蒙古高原及东北部地区，以青海省柴达木盆地和西藏北部为最多。2014 年 1 月公布的第二次全国湿地资源调查结果显示，中国有永久性和季节性盐湖湿地约 428 万公顷，约占湖泊湿地面积的一半。中国著名的盐湖湿地有察尔汗盐湖、艾丁湖和艾比湖等。

盐湖湿地中，植物资源主要是生长在湖盆和盐沼中的耐盐碱植物，例如胡杨、红柳、芦苇和盐藻等，尤其是盐藻，具有药用价值。动物资源主要有水禽和喜盐虫类。水禽包括野黄鸭、斑头雁、赤麻鸭、灰麻鸭、灰天鹅等。喜盐虫类包括卤虫和尝盐菌，尤其是卤虫，也称丰年虫或卤虾，在中国盐湖分布较为普遍，可作为水产养殖的饵料，有较大经济价值。盐湖湿地中存在大量的盐类沉积矿物，据《中国盐湖志》统计，中国盐湖盐类沉积矿物共 70 种。

中国盐湖湿地的资源利用以矿产开发为主，存在勘察程度低，开采产品单一，综合开采率低的问题。对于盐湖的保护仍存在升级开采技术、提高资源综合利用效率、尾矿处理及环境保护等技术瓶颈。生物资源利用以卤虫捕捞为主，但在品系改良、高值化产品开发上还存较大的发展空间。盐藻、盐菌及抗盐基因的研究成果仍然较少。

由于独特的地质环境、千姿百态的盐体造型、清澈透明的湖表卤水，盐湖湿地是旅游、观赏和探险的良好场所。中国有丰富的盐湖湿地旅游资源，如西藏班戈错、青海茶卡盐湖、内蒙古居延海等。

沼泽湿地

沼泽湿地是地表经常或长期处于湿润状态，具有特殊的植被或成土过程的湿地。是地球表面陆地向水域或水域向陆地生态演化过程的天然表现形式。

◆ **特点**

沼泽湿地为地质、地貌、气象、水文、土壤及生物等相互作用的自然综合体，具有独特的综合自然地理景观。沼泽湿地具有 3 个相互联系、相互制约的基本特征：①受淡水、咸水或盐水的影响，地表经常过湿或有薄层积水；②生长有沼生、部分湿生、水生或盐生的植物；③有泥炭积累，或无泥炭积累而仅有草根层和腐殖质层，但土壤剖面中均有明显的潜育层。沼泽类型复杂多样、分布广泛，蕴藏丰富的自然资源，其中以水土资源、生物资源及泥炭资源最为丰富。

◆ **分类**

沼泽湿地主要分为草本沼泽、灌丛沼泽、泥炭地沼泽、森林沼泽、藓类沼泽、盐沼湿地等。其中，草本沼泽以草本植物为主，植被盖度≥ 30%；灌丛沼泽以灌木为主，植被盖度≥ 30%；藓类沼泽以藓类植物为主，植被盖度为 100% 的泥炭沼泽；盐沼湿地由一年生和多年生盐生植物群落组成，植被盖度≥ 30%。

◆ **成因**

沼泽形成过程漫长，并处于不断发展变化之中。气候、地质地貌、水文、植被、土壤因素对沼泽形成起关键作用。寒冷湿润、温暖湿润的水热组合有利于沼泽形成和发育。气候决定大气热量和降水，直接影响沼泽植物种类以及植物生长发育、植物残体分解量和分解强度，从而影响沼泽泥炭积累。地质构造运动影响地表形态和地表侵蚀、堆积的变化，这些变化直接或间接控制水热条件，制约沼泽的形成、发育和分布。地表长期积水或过湿的水文环境中易发生沼泽化，众多的河流、湖泊以及丰富的径流资源造成大面积的地表积水、过湿区域，为沼泽形成和发育提供了有利条件。沼泽植被既是沼泽化过程中形成的生态系统的一部分，也使环境更趋向有利于新沼泽的形成。沼泽植物通过增大地表糙度,阻碍水分水平移,增强沼泽保水、蓄水能力,进一步加剧地表湿润程度,使沼泽进一步发育,并扩展蔓延至沼泽体的周围地段。沼泽土壤主要包括沼泽土、泥炭土两大类,是经常处于多水或过湿环境和生长有喜湿性沼生植物的条件下形成的一类水成土壤。沼泽土壤大多较细腻,具有不透水的性能,从而使地表保持长期稳定的积水环境。

人类某些活动也可以导致沼泽化,由人类活动引起沼泽化的沼泽分布较广,沼泽化速度快,但面积较小。砍伐森林及森林火灾引起森林毁坏是林区沼泽化形成的重要因素。当森林被砍伐后,水平衡发生改变,土壤蒸发、植物蒸腾减少,土壤水分超过蓄水量,一些喜光、喜湿的沼泽植物侵入,形成沼泽。人类由于农业生产、生活需求而修建水库、水坝以及引水、排水渠道等水利设施是引起沼泽化的另一重要因素。在水库回水区域或水利工程积水区以及其邻近区域,原有地面被水淹没、地下水位抬升,因此开始生长沼泽植物,逐渐发育成沼泽地。

◆ **分布**

全球沼泽主要分布在北半球,尤其是气候冷湿及有冻土存在的欧亚大陆、北美大陆的寒带及温带地区。北极地区蒸发较弱,且存在永久冻土层,主要以发育草本沼泽为主,部分沼泽有泥炭积累,厚度一般低于30厘米;位于寒温带的泰加林地区为世界上泥炭沼泽地强烈发育区,西伯利亚平原泥炭沼泽化程度高达30%～40%,泥炭层厚度一般大于2米,北美洲的北大西洋滨海及五大湖区,泥炭层厚达5米;中温带以及暖温带的森林草原区,沼泽多分布于河漫滩、沟谷底部和湖滨地区,干旱和半干旱地区沼泽很少且多为无泥炭沼泽；热带雨林地区的刚果盆地、马来半岛、亚马孙河沿岸的泥炭沼泽发育较好，部分地区面积可延伸到数百千米，泥炭层厚度为 12 ～ 15 米。

根据 2014 年 1 月公布的第二次全国湿地资源调查结果，中国沼泽湿地面积 2173.29 万公顷，占中国湿地总面积的 40.56%。中国沼泽湿地的 78.84% 分布于东北平原、大小兴安岭山区和青藏高原，72.90% 的盐沼分布于青藏高原上的柴达木盆地。中国沼泽植物共有 1610 余种，隶属于 167 科 495 属，一般挺水植物较多。中国沼泽有各种水鸟共 160 余种，鱼类 80 余种。其中，鸟类为鹤形目、雁形目等，珍贵水鸟有丹顶鹤、天鹅、白鹳、黑鹳等。

草本沼泽

草本沼泽是以草本植物为主要建群种的沼泽湿地。

◆ 成因

草本沼泽由草甸沼泽化演变而来，多发生在河漫滩、阶地、湖滨、沟谷的林间草地。草甸沼泽化是由于地势低洼，地表过湿，地下水位较高，在地表水和地下水共同作用下，土壤空隙长期被水填充，形成厌氧环境并引起土层严重潜育化，死亡的植物残体在厌氧条件下分解缓慢。在这种条件下，草甸植物逐渐减少，而养分需求少，喜湿的植物逐渐增多。这些植物死亡后残体不能彻底分解，逐渐形成泥炭，最后草甸演替成沼泽。

◆ 群系

草本沼泽根据植物组成、群落结构的特点，可划分为 18 个群系。

薹草沼泽是由莎草科薹草属植物为优势种所组成的群落，是中国沼泽的基本类型，也是草本沼泽中类型最多、面积最大、分布最广的类型。从东北到华南，从沿海到新疆乃至青藏高原都有分布。

嵩草、薹草沼泽是由莎草科的嵩草属和薹草属植物为建群种所组成的植物群落。该群落主要分布在中国青藏高原、海拔 3000 米以上的山间盆谷地或湖边。

莎草沼泽是以莎草科莎草属植物为优势种所组成的群落，面积小、分布零星，主要分布在河、湖滩地和积水小洼地。

藨草沼泽是由莎草科藨草属植物为优势种所组成的群落，类型较多，广泛分布于温带和亚热带，但湿地面积小，分布零星。

羊胡子草沼泽是由莎草科羊胡子草属植物为优势种所组成的群落，分布于中国东北山地、内蒙古。

荸荠沼泽是由莎草科荸荠属植物为优势种组成的群落，主要分布于温带和亚热带的湖边洼地和山间洼地，面积小而零散。

扁穗草沼泽是由莎草科扁穗草属植物组成的群落，主要分布在青藏高原和云贵高原的宽谷和湖滨低洼地。

克拉莎沼泽是由莎草科本芒属植物为优势种所组成的群落，分布于南亚和中国的热带山地沟谷。

芦苇沼泽是禾本科芦苇属植物为优势种所组成的群落，广泛分布于中国各地湖泡、浅水洼地、河流沿岸、滨海滩涂和河口。北自黑龙江边，南至雷州半岛、海南岛、台湾，东自沿海滩涂、海岛，西到新疆塔城、博斯腾湖，乃至青藏高原拉萨和柴达木盆地均有分布。

荻沼泽是禾本科荻属植物为优势种所组成的群落，广泛分布于亚热带的一些湖滩和河滩。

甜茅沼泽是由禾本科甜茅属植物为优势种所组成的群落，是水体沼泽化初期阶段的典型沼泽，分布于温带沼泽化的河流与湖泊。

黍沼泽为禾本科黍属植物组成的群落，分布于中国河北、华中、四川和云贵高原，但面积小。

李氏禾沼泽是以禾本科李氏禾属植物为优势种组成的群落，也称作"假稻"，分布于云贵高原海拔3000米以下的河边或湖边，是水体沼泽化的先锋植物群落。

拂子茅沼泽是以禾本科拂子茅属植物为优势种所组成的群落，分布于中国亚热带湖南山地沟谷中。

香蒲沼泽是由香蒲科香蒲属植物所组成的群落，广泛分布于温带和亚热带，以及云贵高原。

菖蒲沼泽是由天南星科菖蒲属植物为优势种所组成的群落，分布于东北、河北、内蒙古以及云贵高原海拔2000米以上的湖滩、河滩洼地。

灯芯草沼泽是以灯芯草科灯芯草属植物为优势种所组成的群落，分布于亚热带山间洼地。

灌丛沼泽

灌丛沼泽是在地表过湿或者积水的地段上，以喜湿的灌木为主组成植物群落的沼泽，是沼泽湿地的一种。

中国的灌丛沼泽广泛分布在全国各地，从大兴安岭到海南岛，乃至在海拔 2500 米以上的西南山地和青藏高原都有分布，类型丰富。有与欧亚大陆温带和寒温带相似的桦 – 薹草群落、柳 – 薹草群落，还有许多其他国家所没有的类型，如杜鹃 – 薹草群落和箭竹 – 薹草群落。

一般来说，灌丛沼泽被认为是湿草甸或泥炭沼泽与森林沼泽演替转变中的一个过渡阶段。灌丛沼泽通常比森林沼泽更湿润，积水更充分，而比草本沼泽更干，积水偏浅。关于灌丛沼泽的定义，主要有覆盖度和高度两方面的考虑。一些研究认为，灌丛沼泽中灌木的覆盖度必须超过 50%，并且乔木的覆盖度不能超过 20%，也有研究强调，灌丛沼泽中灌木和小乔木的高度应该在 10 米以下。

灌丛沼泽的生成主要有两个途径 ①森林沼泽经历强烈破坏性扰动，如洪水、火灾或者风暴等，在迹地上经过次生演替形成了以灌木型植物为优势种的沼泽类型。②草甸或泥炭沼泽经过排水后，也有可能演替为灌丛沼泽。

泥炭地

泥炭地是经过漫长的时期，藓类、草本植物、灌木、乔木等植物死亡后有机质在积水环境中以泥炭的形式堆积和保存形成的泥炭沼泽。

泥炭地长期处于水饱和及低含氧量的极端环境中，水体从碱性到酸性均有可能。全球约有 400 万平方千米泥炭地，约占陆地面积的 3%。

◆ **主要分布**

泥炭地分布于全球各地，主要分布于欧洲北部、北美洲（主要在加拿大和美国北部）。欧洲大陆的泥炭地大约有 51.5 万平方千米。世界上最大的泥炭地位于俄罗斯的西西伯利亚低地，覆盖约大于 100 万平方千米的土地。南半球的泥炭地较少，最大的是南美洲的麦哲伦湿地，约有 0.44 万平方千米。另外，在新西兰、印度洋南部的凯尔盖朗群岛、南大西洋的马尔维纳斯群岛、印度尼西亚等热带地区均有泥炭地分布。根据中国泥炭资源调查（1983～1985），中国泥炭地面积 1.044 万平方千米，占国土陆地面积的 0.1%；裸露泥炭地主要分布在东北山区、黑龙江三江平原、四川若尔盖高原和新疆阿尔泰山区。

◆ **基本类型**

泥炭地有两大类：一类形成于较高地势，土壤呈酸性，营养贫瘠，植被以泥炭藓为主，水分和营养的供应主要依靠雨水；另一类形成于洼地或平地，土壤呈中性或碱性，矿物营养丰富，典型植被有禾本科和莎草科植物，也有大量藓类覆盖，水分和营养供应来源于河流、地下水和雨水。

◆ **破坏与保护**

世界各国的泥炭地由于农业、造林和泥炭采掘等目的进行的大面积排水而遭到破坏。泥炭地排水使深埋于地下千年的有机碳暴露于空气中，迅速分解并以二氧化碳（CO_2）的形式被释放到大气中。全球泥炭地 CO_2 排放量从 1990 年的 1.058×10^6 吨增至 2008 年的 1.298×10^6 吨。全球泥炭地退化能释放 CO_2 超过 2.0×10^9 吨，约占全球碳排放的 6%，对全球气候变化有深刻影响。

为了倡导合理利用和保护泥炭地，联合国环境规划署（UNEP）于 2002 年发起了"湿地生态系统和热带泥炭沼泽森林恢复"项目。2002

年 11 月，国际泥炭学会（IPS）和国际沼泽保护组织（IMCG）公布指南《合理使用泥炭地——背景和原则，包括决策者框架》，旨在能够平衡解决全球泥炭地延续的矛盾，满足人类合理利用的需求。IPS 先后出版了《泥炭地和气候变化》等系列报告，总结了迄今全球泥炭地的相关信息，为全球决策提供依据。

森林沼泽

森林沼泽是在地表过湿或积水的地段上，以湿生植物和沼生植物为主所组成的森林植物群落和土壤的综合体。

◆ 形成

森林沼泽的形成，主要是受所处的地区、自然环境的影响而出现的自然演替，或在森林附近的草甸、湖泊沼泽化的扩展而引起的。

森林自然沼泽化主要发生在林区地势平坦、低洼、地下水位高、排水不良、水分汇聚的地方，如平坦的沟谷、河滩、堤外洼地、阶地、湖边和泉水溢出带等地。这些地段水分容易集聚，加上土壤潜育化，土质黏重，不易渗水，有冻土层，形成了隔水底板，使地表水既难排出，又难渗入，造成了地表过湿或积水，引起了湿生植物不断侵入。首先是喜湿的密丛型薹草属植物和浅根系灌木侵入，随后有金发藓和泥炭藓等侵入。由于土壤长期处于多水厌氧条件，通气不良，土壤微生物活动与繁殖能力微弱，死亡的植物残体难以分解，逐渐形成泥炭。泥炭保水，又增加了土壤的湿度，通气性差，使树木生长发育不良，并逐渐减少，森林则逐渐形成森林沼泽。中国的森林沼泽化主要发生在大兴安岭、小兴安岭、长白山地、秦岭的太白山和西南山地的一些森林中。

草甸沼泽化扩展引起的森林沼泽化主要发生在林间的湿草甸或河滩湿草甸。由于地下水位高，地表过湿，生长着湿中生植物，或中生植物，逐渐有沼生植物，草丘间湿洼地有积水，每年死亡的植物叶和根在厌氧条件下难以分解，形成泥炭。泥炭形成后，增加了土壤的湿度，促进草甸沼泽化的不断发展，地表积水面积不断向外扩大，同时又提高了周围林地的地下水位，使森林土壤过湿或积水，林下植物逐渐被喜湿的薹草和灌木状桦代替，最后逐渐形成森林沼泽。

湖泊沼泽化扩展引起的森林沼泽化是由于湖滩的地下水位较高，引起附近的森林沼泽化。在大兴安岭、小兴安岭、长白山地的森林沼泽中间，常有 牛轭湖、 堰塞湖、 火山口湖和热融湖等，各种湖泊沼泽化过程常引起相邻的森林发生沼泽化。

◆ **群系**

森林沼泽受所处地区的自然条件和植物区系历史的影响，形成各种类型，在中国境内可分为五个群系组，即落叶松沼泽、冷杉沼泽、水松沼泽、水杉沼泽和赤杨沼泽。

落叶松沼泽是以落叶松为建群种，与沼泽草本植物和喜湿灌木，乃至喜湿耐酸的泥炭藓组成的沼泽林。中国的落叶松沼泽林有三个群系：兴安落叶松沼泽林、长白落叶松沼泽林和太白落叶松沼泽林。

冷杉沼泽是以冷杉属为建群种所组成的沼泽植物群落，在中国只见一个峨眉冷杉群系，分布于西南地区山地、青藏高原东部边缘，四川盆地的西缘山区，海拔 2500 米。常位于山间谷地和阶地平坦低洼处，或坡度平缓的阴坡，以峨眉金顶为发育典型。

水松沼泽是以水松为建群种组成的沼泽林，是南亚热带的典型沼泽林，中国仅见于珠江三角洲的水松群落。过去水松林多分布在低湿地和山麓洼地，因此在广东有些谷地的埋藏泥炭地中挖掘出大量的水松残体。现存的水松林都是人工栽培的，天然林已不存在。

水杉沼泽是以水杉为优势种组成的沼泽林，是亚热带的典型沼泽林。中国的水杉林多为人工林，在水边长势较好。北起北京，南至广东、广西，西达陕西、四川盆地、云贵高原，动临黄海、东海海滨和台湾，广为栽培。

赤杨沼泽是以赤杨属为建群种或优势种所组成的沼泽植物群落，中国分为两个群系：水冬瓜赤杨群落和江南赤杨群落。水冬瓜赤杨群落分布于大兴安岭、小兴安岭和长白山地的沟谷、河滩或溪流边，常分布于落叶松沼泽的边缘，或薹草沼泽与落叶松沼泽之间的过渡带，面积小，一般十几平方米到几十平方米。江南赤杨群落小面积地零散分布于亚热带低山丘陵的平浅沟谷洼地或溪流边。

藓类沼泽

藓类沼泽是在地表过湿或有积水的地段上，由喜湿耐酸的藓类植物为优势种组成植物群落，并在地表形成很厚的藓类地被物的沼泽，是沼泽湿地的一种。

藓类生长高度一般在 10 ～ 15 厘米，充分覆盖地面，盖度 100%。但藓类地被物可累积形成高出地表的藓丘。与草本沼泽相对，藓类沼泽一般都是高位沼泽，有的沼泽中藓类地被物覆盖度可达 90% 以上，但未达到 100% 的通常仍归类为低位沼泽。

在发生机理上，以泥炭藓沼泽为例，泥炭藓是形成沼泽泥炭层的重要种类，该类沼泽由于泥炭藓的生长而逐渐抬高，超出周围地表，同时抬高了地下水位，形成自身的地面水位，并逐渐断绝了与地下水的联系，从而进入大气营养的阶段。大气中尘埃、降水带来的有机物质和矿物元素以及鸟兽的粪便，成为泥炭藓沼泽植物的氮素和灰分元素的主要来源。泥炭藓沼泽的酸性很强，pH 一般在 3 ~ 5，群落中的种类贫乏，乔木树种几乎绝迹，只有少量的湿冷生灌木和草本植物，但却可能出现较多的食虫植物，例如茅膏菜等。

中国藓类沼泽有两种类型：泥炭藓沼泽和金发藓沼泽。前者是由泥炭藓为绝对优势种组成群落，伴生有少量灌木和草本植物，依据建群种的不同，分为中位泥炭藓沼泽、尖叶泥炭藓沼泽、白齿泥炭藓沼泽、广舌泥炭藓沼泽、卵叶泥炭藓沼泽、钝叶泥炭藓沼泽和沼泥炭藓沼泽 7 种类型。金发藓沼泽一般以大金发藓为建群种。从总体上来看，中国藓类沼泽面积小，但分布较广。主要分布在东北山地大兴安岭、小兴安岭和长白山地，常与各类贫营养森林沼泽伴生，是森林沼泽发展的最后阶段，是在树木死亡后，地表藓类地被物继续发展而形成的。另一部分则是湖泊沼泽化发展而成的。在华中山地丘陵，如黄山、神农架和云贵高原山地间的洼地，雪蚀洼地、冰蚀洼地和湖泊中，也有小面积零星分布。其中，金发藓沼泽主要分布在云贵高原，以贵州梵净山金顶附近的九龙池的金发藓湿地最为典型，沼泽东西长 150 米，南北宽约 30 米，略呈新月形。

该群落地表常年过湿，夏季积水，冬春干季仅局部积水，土壤为草甸沼泽土，没有明显泥炭层。由于大量金发藓的个体年代久远枯黄，使得群落具有色彩鲜明的外貌，构成一种特殊的湿地景观。

盐沼湿地

盐沼湿地是具有表面积水或过湿的盐碱土，其上生长耐盐碱植物群落的湿地。

盐沼湿地主要包括潮间盐水沼泽、河口地带、季节性或永久性咸水沼泽等，是一种分布广泛的湿地类型，主要分布在中国北方沿海和内陆盐碱湖滨，按植物生活型和群落环境可以分为灌丛盐沼和草丛盐沼两个亚型。

灌丛盐沼的植被以肉质旱生型灌木为优势种，主要分布在中国半湿润、半干旱和干旱区，常见于黄淮海平原、内蒙古高原、甘肃河西走廊、青海柴达木盆地和塔里木盆地等地。所处区域的气候普遍具有温带大陆性季风特征，降水少，蒸发强烈，蒸发量大于降水量2～3倍乃至数十倍。来源主要为季节性或永久性河湖及其周边迹地，土壤特征为质地黏重，渗透性差，地表时常积水的盐渍土。因其生境内土壤含盐过高，多数陆生植物会由于生理干旱现象而难以生存，只有较耐盐的湿生植物可以生存。常见的灌丛盐沼植被群落主要为盐角草群落和柽柳群落两种类型。

草丛盐沼的植被也主要由喜湿耐盐碱的植物组成，但其建群种的生活型大多为草本。该类型广泛分布于内陆盐碱湖滨和滨海滩涂。在滨海主要分布在杭州湾以北，即浙江、江苏、上海、山东、河北和辽宁等省市的沙质淤泥海滩、近海三角洲地带。由于沿海春季少雨干燥，土壤返盐，受海水浸润的影响，高矿化度的盐水由海滨向大陆方向浸入，并在其影响区域内形成以草本植物为建群种的草丛盐沼。在内陆，主要分布于松嫩平原、内蒙古高原、柴达木盆地、准噶尔盆地和塔里木盆地等的盐碱湖边。植被群落主要有碱蓬群落、碱茅群落、赖草群落、海三棱藨草群落、獐毛群落、米草群落等类型。

通常情况下，盐沼湿地中的潮间盐水沼泽类型主要分布在长江口以北的滨海地区，但是随着米草等草本植物在南方沿海的蔓延，盐沼湿地在长江口以南的沿海湿地，尤其是福建省，也加大了分布。其中，互花米草群落是中国沿海近30年内出现的优势群落。米草为泌盐型盐生植物，具有盐腺结构，耐海水淹没，是潮间带中下部的优势物种。中国为海岸带的保滩护岸，促淤造陆，于1963年从英国引进大米草，1979年从美国引进互花米草，20世纪90年代引入狐米草，以互花米草的覆盖面积最大。

人工湿地

人工湿地是由人工建造和控制运行的湿地类型。

凡是满足湿地定义中所描述的各种特征，同时又以人为因素作为先决条件的湿地都可归入人工湿地的范畴。这种湿地主要分布在中国水利资源比较丰富的地区，人工构筑而成的湿地是人工湿地区别于天然湿地的决定性因素。人工湿地包含水库，运河，输水河，淡水养殖场，海水养殖场，农用池塘，灌溉用沟、渠，稻田/冬水田，季节性洪泛农业用地，盐田，采矿挖掘区和塌陷积水区，废水处理场所，城市人工湿地景观水面和娱乐水面等类型。

第2章

湿地动物

　　湿地动物是全部或部分生活史在湿地完成，并依赖湿地提供栖息、觅食、迁徙、越冬和繁殖等生命过程所必需的生存条件的动物。

　　湿地动物一般可分为无脊椎动物类群和脊椎动物类群。

◆ **湿地无脊椎动物类群**

刺胞动物

　　刺胞动物是少部分生活在湿地生态系统内，身体辐射对称的两胚层动物，有水螅型和水母型两种基本形式。体壁围绕身体纵轴形成一原始消化循环腔，具有简单的神经细胞和网状神经系统，存在有性生殖和无性生殖两种生殖方式，有些种类生活史中有世代交替现象。代表物种桃花水母，对水质要求较高，可用于

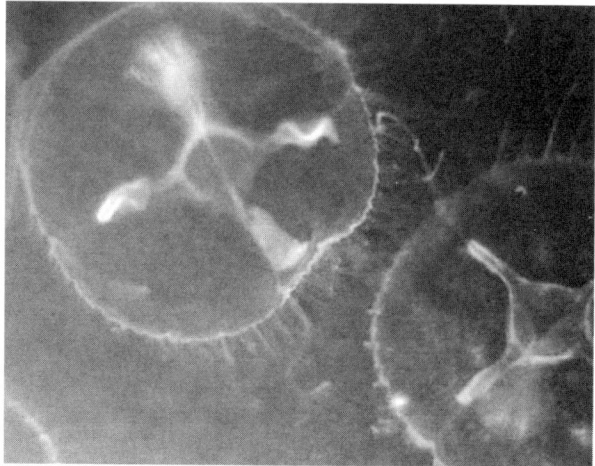

桃花水母

指示水体质量；属于仅有的一种淡水生活的小型水母，为世界级濒危物种。

环节动物

环节动物是部分生活在湿地生态系统内，体外有由表皮细胞分泌的角质膜，体壁有一外环肌层和一内纵肌层的动物。代表动物水蛭，俗称蚂蟥，具有吸盘，吸附力强。水蛭制剂在防治心脑血管疾病和抗癌方面具有一定效果。因农药、化肥等滥用，以及工农业废水、废气和固体废弃物对环境的污染，

水蛭

野生自然资源锐减。蚯蚓是温带土壤中生物量最大的无脊椎动物，营腐生生活，生活在潮湿的环境中，以腐败的有机物为食，是重要的土壤动物。

软体动物

软体动物是生活在湿地中较大的动物类群,外部形态多为两侧对称，身体分头、足、内脏团，有贝壳和外套膜，外套膜分泌包在体外的石灰质壳（有的退化成内壳或无壳）。代表动物无齿蚌（河蚌），生活在淡水、湖泊、池沼、河流等水底，半埋在泥沙中，体后端的出入水管外露，水可流入流出外套腔，借以完成摄食、呼吸及排出粪便、代谢产物等机

能。河蚌滤食水中的微小生物及有机质颗粒等。既可食用，又可用于培育珍珠，在中国分布很广。

节肢动物

节肢动物门是动物界最大的一门，也是湿地动物最多的类群。节肢动物两侧对称，异律分节，身体一般分为头、胸、腹三部分，头部是感觉和摄食中心，胸部是运动和支持中心，腹部是生殖和代谢中心。代表动物中华绒螯蟹，又称河蟹、毛蟹、清水蟹、大闸蟹或螃蟹。

◆ 湿地脊椎动物类群

圆口类

圆口类是生活在淡水湿地内较低等的脊椎动物。无上、下颌，口具有吸附型的口吸盘，无偶鳍，脊索终生存在，单鼻孔；具囊鳃，鳃位于鳃囊内，故称囊鳃类。代表动物东北七鳃鳗，又称七星子，体呈鳗形，前部嘴呈圆筒状，口内有锋利的牙齿。七鳃鳗是已知最原始的脊椎动物，是无脊椎动物进化成鱼类的一个中间节点，并不能算是真正的鱼。其发育过程蕴含脊椎动物起源的大量信息，具有重要的科研价值。

鱼类

鱼类是终年生活在水中（淡水和 / 或咸水），用鳃呼吸，用鳍辅助身体的平衡与运动的变温脊椎动物（大多数用鳃呼吸，少数通过肠呼吸、皮肤呼吸、口腔呼吸、褶鳃呼吸、鳔呼吸等方式辅助呼吸，靠按节排列于身体两侧的肌肉交替收缩，使体躯与尾鳍左右摆动而前进）。大多数鱼类或者在淡水中生活，或者在咸水中生活，但近 10% 的洄游鱼类在淡水和海洋两种生境中迁徙。在海洋中生长但需要去淡水中繁殖称为溯河洄游（如中华鲟），在淡水中生长但需要去海洋中繁殖称为降河洄游（如花鳗鲡）。代表动物中华鲟，体呈纺锤形，头尖吻长，口前有 4 条吻须。

湿地鱼类是湿地生态系统的重要组成部分，其以水生无脊椎动物、藻类、水草或其他鱼类为食，并为水鸟等动物所捕食，在维持湿地生态系统能量流动和物质循环方面具有不可替代的作用。

中华鲟

两栖类

两栖动物是一类个体发育中经历幼体水生和成体水陆两栖的变温动物。其个体发育周期有一个变态过程，即以鳃（新生器官）呼吸生活于水中的幼体，在短期内完成变态，成为以肺呼吸能营陆地生活的成体。绝大

大鲵

多数种类水陆两栖，少数种类营次生性的终生水生。代表动物大鲵，又称"娃娃鱼"，是世界上现存最大的也是最珍贵的两栖动物。

湿地两栖类多处于生态系统营养级的中间层，不仅丰富了生态系统中食物网链的成分，增加了物种多样性，也增添了生态系统物质循环和能量流动的复杂性，从而增强了系统的自我调节能力和稳定性。因此，它们的种群数量和生态状况往往是反映和描述生态系统生物量水平和食物网链状况的重要标志，也是制定维护和改善生态系统环境状况各项维护措施的科学依据。

爬行类

爬行类是由古代的两栖类进化而来，在身体结构上进一步适应陆地生活，繁殖过程摆脱了水的束缚的变温脊椎动物，但其中有一些种类生活在湿地，属典型湿地种。爬行动物对热量要求高，因而在中国其丰富度从南至北逐渐减少，大部分种类的分布北限是长江。代表物种扬子鳄，因其生活在扬子江（长江），故称"扬子鳄"。在扬子鳄身上可找到早先恐龙类爬行动物的许多特征，被称为"活化石"。常见的爬行类包括龟鳖目、蚓蜥目、蜥蜴目、

等待放归的扬子鳄

蛇目、鳄目等动物。人类对于龟鳖类和蛇类的大量捕捉，是其最主要的

致危因素。

鸟类

鸟类是体表被羽、恒温、卵生、大多会飞翔的脊椎动物。湿地鸟类在喙、腿、脚、羽毛、体形和行为方式等方面均会显示出其相应的长期适应湿地环境的特征。湿地鸟类包括潜鸟目、鹳形目、红鹳目、雁形目和鸻形目（海雀除外）的所有种类，以及鹈形目、鹤形目和佛法僧目的部分种类。主要分为游禽和涉禽。游禽代表为大天鹅，善游泳，全身洁白，仅头稍沾棕黄色，嘴黑色，上嘴基部黄色。涉禽代表为丹顶鹤，颈、脚较长，通体大多白色，头顶鲜红色，喉和颈黑色，耳至头枕白色。湿地鸟类在能量转换和维护生态系统稳定性方面发挥着重要的作用，而湿地是鸟类的重要觅食地、停歇地和"加油站"，湿地的生态环境条件直接影响着鸟类群落的多样性。

辽宁省鹤类种源繁育基地的丹顶鹤

哺乳类

哺乳类是恒温、胎生、哺乳、体内有膈的脊椎动物，是脊椎动物中躯体结构、功能行为最为复杂的最高级动物类群。常见的湿地哺乳动物包括河麂、麋鹿、河狸、水獭、水貂、大麝鼩、江豚等。代表物种麋鹿，因其角像鹿、尾像驴、蹄像牛、颈像骆驼，又名"四不像"。麋鹿是中国的特有物种，一级保护动物，湿地生态系统的旗舰物种。战乱和自然灾害，曾致麋鹿在中国消失，而后世界上所有的麋鹿均为 18 头麋鹿的后裔。经过引进和保护工作者的不懈努力，截至 2024 年 11 月，中国麋鹿种群数量已发展逾 1.4 万只，建立了迁地保护点 94 处。

为了适应不同的生存环境，哺乳动物在身体结构和功能、生活习性和种群结构等方面高度特化，是动物界多样性程度最高的一类，也是地球上适应能力最强的动物类群。受古气候、古地理以及近现代人类活动的影响，随着湿地的退化和丧失，湿地哺乳动物受到的影响最大，甚至出现了局部灭绝。

◆　面临的威胁

湿地动物面临的威胁有：①水资源紧缺、湿地面积减少。缺少水资源的补给，使水生生物栖息地萎缩，水域生物链遭到破坏，造成水生生物大量消亡，部分物种面临灭绝的境地。②湿地污染影响动物繁殖和生长。过量的外源营养物质和污染物的输入，超过了湿地植物的净化能力，引起湿地动物生物富集，进而影响繁殖和生长。③人为干预对湿地动物造成威胁。水利水电工程的兴建使湿地水生生物生境发生改变，影响湿地动物的生存。例如，鱼类的洄游通道受阻，鱼类种类和产量逐渐减少。④外来物种入侵较为严重。外来物种的扩张占领了本土动植物的生境，使当地动植物失去栖息地，破坏了湿地动物栖息地稳定和食物资源的可获得性。

◆ **保护措施**

保护湿地动物的措施有：①保护栖息地的异质性，以满足不同动物类群的生境需求，保护湿地的生物多样性。②加强保护，科学修复。合理布点，长期监测。建立长期定位监测点，加强湿地调查监测体系建设，对湿地生态系统的动态变化进行监测。加强对湿地资源的保护力度，做到治理污染源、定期清淤固堤、监测管理湿地外来种。③合理开发，协调发展。立足现实，因地制宜，减少人工成分，增加自然因素，构建节约型湿地保护策略。以生态经济学、系统生态学和生物工程学等理论为指导，研究湿地资源开发利用的最佳模式，在保护湿地的基础上充分发挥湿地资源的生态、经济、社会和环境效益。④科学普及，增强意识。开展湿地知识宣传活动，引导公众珍惜现有的湿地资源，保护野生动物。

底栖动物

底栖动物是全部或大部分生活史于水体底部完成的水生动物群。

底栖动物是一个庞杂的生态类群，但大多为无脊椎动物。按体型大小可分为大型底栖动物、小型底栖动物和微型底栖动物。通常将环节动物、软体动物、甲壳动物、昆虫及其幼虫等不能通过 500 微米网筛的底栖动物称为大型底栖动物；将线虫、轮虫、甲壳动物的介形类等能通过 500 微米网筛而不能通过 45 微米网筛的底栖动物称为小型底栖动物；将原生动物等能通过 45 微米网筛的底栖动物称为微型底栖动物。

底栖动物是湿地生态系统中负责分解和营养循环的关键类群。如在水底能加速碎屑的分解，调节沉积物与水界面的物质交换，促进水体自净等活动。底栖动物中的线虫、环节动物、软体动物、甲壳动物可为鱼类、大型游泳无脊椎动物与迁徙鸟类提供丰富的饵料基础。

底栖动物的种类和群落结构与环境因子密切相关。影响底栖动物群落的非生物因子很多，包括温度、盐度、pH、水文格局、底质条件、溶解氧、有机物以及一些无机元素的含量。影响底栖动物群落的生物因子可分为植被的影响、物种间的竞争和捕食影响，以及人类活动的影响。当水体受到污染时，底栖动物的群落结构和多样性会发生变化。因此，底栖动物的种类和群落特征作为环境评价指标在水体监测中得到广泛的应用。利用底栖动物来评价水质的方法较多，如特伦特（Trent）指数、贝克（Beck）指数、古德－奈特（Good-night）指数、EPT 指数、GBI 指数等。

浮游动物

浮游动物是经常在水中浮游，本身不能制造有机物的异养型无脊椎动物和脊索动物幼体的总称。

浮游动物或者完全没有游泳能力，或者游泳能力微弱，不能作远距离的移动，也不足以抵拒水的流动力。它们是悬浮于水中的水生动物，身体一般都很微小，要借助显微镜才能观察到。浮游动物的种类组成极为复杂，一般有原生动物、轮虫、枝角类和桡足类四大类。

浮游动物群落演替除了受竞争和捕食作用影响外，非生物因素对浮游动物群落演替也具有重要的作用，其中温度和食物是调控浮游动物数量的两个重要因素。温度影响着浮游动物的水平分布。一般热带狭温性种类不能分布到寒带，寒带狭温性种类也不能分布到热带。温度也是影响种群增长的生态因子。不同种浮游动物在不同发育阶段，呈现与温度不同的相关性。除温度以外，食物因为其多样性和营养价值差异，也对浮游动物产生复杂的影响。其他因素，如盐度、pH、光强、水深、水体大小等都会对浮游动物的种群变动产生影响。

浮游动物在生态系统中起着非常重要的调控作用，在水域食物网中占据着中心位置，是有机物由初级生产向更高营养阶层转移的关键环节，并且通过对浮游植物的摄食和转化过程对初级生产起着调节作用。浮游动物与其他水生动物相比，它们个体较小，但数量极多，代谢活动旺盛。浮游动物以浮游植物、细菌、碎屑等为食，同时又是鱼类和其他水生动物的食物，它们是能量传递和物质循环的中间环节。此外，浮游动物还可通过排泄和分泌作用，参与水生态系统中有机质的分解和循环。

浮游动物是水生生物中的一大生态类群，是水生食物链的重要环节。浮游动物中的许多种类，对于污染物特别敏感，并可通过群落的结构和功能参数差异表现出来，因此它们在生态系统中的作用也越来越受到人们的重视。浮游动物种群结构成为湿地水质监测的重要指标，浮游动物群落的生态特征则是了解水体环境生态系统的关键。当污染物进入水体时，影响浮游动物进而破坏水体的自然生态平衡。尤其随着经济的快速发展，环境污染问题日益严重，研究浮游动物种类组成及数量分布变化能够充分了解水环境污染的状况。不同类群对水环境变化的敏感性和适应能力各不相同，因此，利用浮游动物群落结构和生物量变化以及优势种分布情况监测评价水环境具有重要的应用价值，在世界范围内已有相当长的历史并有大量有益的实践。

湿地水鸟

湿地水鸟是生活史的某一阶段依赖于湿地，且在形态、行为和生态上对湿地形成适应特征的鸟类。

湿地水鸟以湿地为栖息空间，依水而居，以各种特化的喙和独特的方式在湿地觅食。无论水鸟在湿地停留的时间有多久，其喙、腿、脚、羽毛、体形和行为方式等方面均会显示出其相应的长期适应湿地环境的特征。

◆ 生态分类

水鸟包括游禽和涉禽。

涉禽是一类适应在浅水或岸边栖息生活的鸟类，包括鹤、鹭、鹳、鹮、鸨、琵鹭、鹈鹕、鸻、鹬等。涉禽最主要的特征就是喙长、颈长、脚长，适于涉水行走，不适合游泳。休息时常一只脚站立，大部分是从水底、污泥中或地面获得食物。

常见的游禽一般包括鸭、雁、天鹅、鹈鹕、鸬鹚、鸥等，即鸟类传统分类系统中雁形目、潜鸟目、鹈鹕目、鹱形目、鹈形目、鸥形目、企鹅目中的所有种。喜欢在水上生活，脚向后伸，趾间有蹼，有扁阔或尖嘴，善于游泳、潜水和在水中摄取食物，大多数不善于在陆地上行走，但飞翔很快。

◆ 形态特征

生活在不同类型湿地中的水鸟，在长期的进化和适应水栖环境过程中逐渐形成了不同的形态特征，其中主要有脚部特征和羽毛特征。

脚部

游禽脚趾间长有蹼，适宜于游泳，而涉禽的蹼为半蹼。鸟的足蹼形态，常分为5类：满蹼足，前三趾间有全蹼相连，如雁、鸭、天鹅；凹蹼足，蹼的中部凹入，如鸥类；全蹼足，四趾间均具蹼，如鹈鹕、鸬鹚等；瓣蹼足，趾的两侧附有叶状蹼膜，如鹈鹕；半蹼足，蹼退化，仅在趾间基部存留，如鹳类、鹭类。

羽毛

羽毛是鸟类的特有结构，是表皮细胞的角质化衍生产物。鸟类羽毛被覆在体表，质轻而韧，略有弹性，具防水性，有护体、保温、飞翔等功能。水鸟的羽毛结构与其水栖环境相适应，表现为：①水鸟通过羽毛结构特征和换羽满足保暖的需求。鸟类的羽毛往往比较厚实而且致密，绒羽特别发达，形成有效的保暖层。②水鸟通过羽毛结构特征满足防水的需求。水鸟会用喙将尾脂腺分泌的大量油脂涂抹在羽毛表面，起到防水的作用。

◆ **生活习性**

潜水

大部分游禽能潜水，有一些还是潜水高手。通过潜水，可以寻找水下的食物和躲避天敌。水鸟的腿越偏向身体后部，其潜水能力越强，如大天鹅不会潜水，而红头潜鸭是潜水高手。例如，栖息于沿海海滩、内陆淡水河湖沼泽地区的斑脸海番鸭，可以在水下潜行深达 5 至 10 米，有时甚至更深。善游泳的黑水鸡，能将整个身体潜藏于水下且鼻孔露出水面进行呼吸而潜行达 10 米以上。鸬鹚发现鱼时会立即潜入水中，最深可下潜 19 米，潜水时间最长可达 70 秒。黑喉潜鸟一次潜水时间可长达 90 ~ 120 秒，潜水距离长达 400 多米。

迁徙

根据鸟类迁徙的行为，可以将鸟类分成不同的居留类型：高纬度地区的冬季，气候恶劣、食物缺乏，鸟类为了生存，不得不离开繁殖地到低纬度地区越冬；而低纬度地区的夏季，炎热、季风、多雨等，不适于鸟类进行繁殖活动，迫使他们返回高纬度地区繁殖。这类鸟相对于高纬度地区称为夏候鸟，相对于低纬度地区则称为冬候鸟。当然，有些鸟类不具有迁徙行为，它们常年居住在繁殖地，被称为留鸟。

湿地生态系统是鸟类迁徙路线上的重要驿站，也是鸟类重要的觅食停歇地和栖息繁衍地。全世界有 8 条主要候鸟迁徙路线，中国主要有 3 条：①东部迁徙路线。这是中国湿地水鸟最重要的迁徙路线。在俄罗斯、日本、朝鲜半岛和中国东北与华北东部繁殖的湿地水鸟，春、秋季节主要通过中国东部沿海地区进行南北方向的迁徙。②西部迁徙路线。内蒙古西部、甘肃、青海和宁夏的湖泊、草甸等湿地繁殖的候鸟，在秋季可沿阿尼玛卿山、巴颜喀拉山和邛崃山脉向南迁飞，然后沿横断山脉南下至四川盆地西部和云贵高原越冬，有些候鸟可飞至中南半岛越冬。③中部迁徙路线。在内蒙古东部、中部草原，华北西部和陕西地区繁殖的候鸟，秋季沿黄河流域、吕梁山和太行山南下，越过秦岭和大巴山区进入四川盆地越冬。

◆ **保护措施**

长期以来，由于资源过度利用、栖息地丧失和片段化、环境污染等，中国的鸟类多样性保护面临严峻的挑战：大面积、持续的围海造地，造成滩涂锐减，水鸟种类和数量下降明显。据《中国鸟类红色名录评估》，按生态类群划分，受胁程度依次为陆禽（25.2%）、猛禽（23.2%）、涉禽（16.0%）、游禽（11.3%）、攀禽（10.0%）和鸣禽（6.1%），可见水鸟受胁程度相对居中。但是，中国鸟类受威胁程度最高的前3个科是鹈鹕科、犀鸟科和鹤科。另外，工业"三废"排放以及农业活动中化肥、农药和除草剂的大量使用，生活污水的直接排放，以及水产养殖活动中饵料的过度投放，使湿地水质污染和严重富营养化，水华频发，影响鸟类的食物安全。外来物种，如互花米草的侵入，改变了原潮间带滩涂的生态环境，影响水鸟栖息地质量。人类活动干扰，如采油、采盐、渔业以及湿地旅游观光等，干扰了鸟类的正常栖息和取食等活动。

　　从国家生态战略高度，制定湿地生态保护总体规划，并严格监督实施，主要措施包括：完善湿地保护的法律和法规体系；对关键物种的重要栖息地，尽快完成资源调查，加紧规划，因地制宜，抢救性地建立一批不同层次的自然保护区或自然保护小区；开展湿地恢复工程，调整湿地周边农田种植结构，优化鸟类栖息环境；加强湿地和鸟类知识的科学普及和法律、法规的宣传力度，提高公众保护意识。

第 3 章

湿地植物

湿地植物是生长在湿地中的植物，是生态系统类型指向性概念。

所有类型湿地中习见的植物种类，如水生植物、湿生植物、漂浮植物、沉水植物、浮叶植物、挺水植物、红树林植物、近海海草床、沼生植物等都属于湿地植物。在扰动或者演替比较频繁的湿地中，很多盐生，甚至中、旱生植物也应该纳入湿地植物的概念中。其实质是对湿地这种生境中各种植物类型的统称。

湿地植物具有物种多样性高、地理成分复杂和广布型植物多的特点。从各类群在湿地中出现的种的数目丰富性来看，湿地苔藓植物中以泥炭藓科最多，蕨类植物中以木贼科最多，裸子植物以松科最多，被子植物以莎草科最多。中国湿地的植物种密度达到 0.0056 种 / 千米 ^{2}，是中国总体种植物密度的 2 倍。从地理成分上看，中国湿地植物区系比较复杂，分别归于泛热带分布、温带分布、世界分布、中国特有和北极高山分布 5 个类型，其中温带成分为主体。湿地植物中的很多种类都具有隐域分布的特点，即不对地域具有特殊偏好，普遍分布于世界各地的适宜环境中，该类型中典型的物种有芦苇、香蒲、浮萍、金鱼藻等。中国较独特的湿地物种包括青藏高原地区高寒草甸的建群种嵩草类植物，以及孑遗沼泽木本植物水松和水杉，在区域生态系统安全和物种演化历程研究中具有特殊意义。

种类繁多的湿地植物为人类文明的发展提供了丰富的物质支持和精神财富。如典型人工湿地植物水稻，栽培面积为各类粮食作物之最，是世界上近一半人口的主要粮食。中国具有数千年栽培水稻的历史，与稻作相关的文化遗产已成为民族传统文化中不可或缺的内容。但是，由于湿地中普遍存在退化的现象，湿地植物的多样性面临严峻考验。此外，由于湿地生态系统中植被的结构相对简单，在扰动发生时容易发生剧烈变化。在交通运输便利、物种交流日益频繁的情况下，外来植物入侵对湿地植物多样性的风险亟待关注，如水葫芦、喜旱莲子草、互花米草等外来物种已经对中国湿地生态系统健康造成了严重的影响，实践工作中应该注重对外来物种的风险防控和入侵植物的治理。

浮叶植物

浮叶植物是根固着于水底基质而叶漂浮于水面的湿地常见植物。

浮叶植物有两种类型：一种是根状茎发达，埋藏于水底基质中，有发育良好的通气组织，同时浮于水面的叶片上常有蜡质膜，如睡莲、萍蓬草等；另一种是根埋藏于水底基质中，细弱的茎并不埋藏于水底基质中，叶片浮于水面，如欧菱、荇菜、浮叶眼子菜。浮叶植物一般都沿岸生长，并能在离岸一定的水深范围内形成群落，如果水深有限，则能跨越整个水面进行覆盖性生长。浮叶植物在其生长水域的水位上升或者下降时，柔软的叶柄会相应地伸长或弯曲以使叶片保持浮在水面。浮叶植物与挺水植物在分布上常有重叠。

浮叶植物有助于抑制藻类过度生长，并为鱼类等水生生物提供栖息地。与其他湿地植物一样，浮叶植物可从水中吸取多种营养物质和重金属元素，并向水体释放氧气，常被应用于水体污染防治。浮叶植物还因其花色丰富、叶形优美等特点，常被应用于植物景观配置中。在浮叶植物的定植中，已有可随水面波动而自由升降的简易装置，可使浮叶植物只在小范围内移动，使其根系或细长的茎秆不受波浪动力的伤害而快速扎根固定，从而保障并加快浮叶植被的修复，重建健康的水生态系统。

浮游植物

浮游植物是在水中营浮游生活的微小植物。

浮游植物通常指浮游藻类，包括蓝藻门、绿藻门、硅藻门、金藻门、黄藻门、甲藻门、隐藻门和裸藻门等。已知全世界浮游植物约有40000种，其中淡水藻类有25000种左右，中国已发现的淡水藻类约9000种。

◆ 主要分布

浮游植物分布范围极广，对环境要求不严，适应性强，在只有极低的营养含量、极弱的光照和低温下也能生存。浮游植物不仅生长在江河、溪流、湖泊和海洋，也能生长在短暂积水和潮湿的地方。从热带到两极、高山积雪到温泉、咸水到淡水、潮湿的地面到不深的土壤内，几乎都有藻类分布。

◆ 形态特征

浮游植物属低等植物，为具有叶绿素的自养生物。浮游植物个体极其微小，有些种类只有几微米；构造简单，无根、茎、叶的分化；形态多样，有单细胞体、多细胞群体等类型。单细胞体多营浮游生活，常见的有球形、圆柱形、卵形等；多细胞群体类型常呈球状、片状、丝状等。浮游植物繁殖以细胞分裂为主，主要生殖方式有营养生殖、无性生殖、有性生殖等。细胞内具有和高等植物一样的叶绿素、胡萝卜素、叶黄素，可呈现不同颜色。

◆ **生活习性**

在水体中，浮游植物是初级生产者，是鱼类和其他动物的直接或间接食物来源。浮游植物大量繁殖，特别是有害藻类异常发生，会给其他水生动物带来巨大危害。在环境条件适宜时，浮游植物可在小水体和浅水湖泊中形成水华，有些种类在海水中形成赤潮。

◆ **主要作用**

浮游植物是评价水质的重要指示生物。水质环境与浮游植物丰富度和群落组成关系密切，例如湖泊（水库）浮游植物数量的增加，特别是蓝藻暴发和生长期延长就是湖泊（水库）富营养化的一个重要标志。浮游植物也是地球生态系统中重要的固碳生物。浮游植物尽管微小，但广泛分布于海洋中的浮游生物对全球碳吸收有重要影响力。全球每年产生的二氧化碳，陆生植物吸收大约50%，剩下的大部分被浮游植物吸收。死亡的浮游植物会连同它们所固定的碳下沉，长年累月地堆积在海底，形成海底石油。

浮游植物具有一定的经济价值。浮游植物素有"海洋牧草"之称，扁藻、杜氏藻、小球藻等单细胞藻类蛋白质含量较高，是贝类、虾类和海参类养殖的重要天然饵料。世界著名渔场都处于藻类丰富的海域。固氮蓝藻是地球上提供化合氮的重要生物，也是可利用的重要生物氮肥资源。已知固氮蓝藻有120多种，在水稻田中固氮量达 16～89 千克/公顷。浮游植物在工业中的用途也很广，例如在硅藻中加入硝酸甘油后，可以防止爆炸，硅藻还可作为制造耐火砖、滤器、牙粉的原料。

漂浮植物

漂浮植物是植物体漂浮于水面，根（或类似于根的特化组织）悬浮于水中，通常不与水底基质发生直接接触的湿地常见植物。

漂浮植物分布广泛，常见于湖泡、沟渠等流速缓和的水生生境中，常以大量连续分布的形式出现，但是其群落的组成与结构较不稳定，会随着水体的温度、水质等理化特征的改变而发生变化。

常见的漂浮植物有满江红、槐叶萍、浮萍、大藻、凤眼莲等。漂浮植物的形态特征具有与漂浮相适应的特点，如槐叶萍和浮萍植物体整体呈叶片状，大藻的叶片呈莲座状排列，凤眼莲的叶柄中部膨大形成气囊等。该类植物中还存在根的退化或不发达情况，如槐叶萍在水面下生长的须状根样结构，就是由叶变化而来的假根，即变态叶。

漂浮植物的应用较为普遍。满江红和槐叶萍可作为饲料和绿肥，槐叶萍还可以医治虚劳、发热和浮肿，浮萍可应用于风疹、肾炎等病症的治疗。俗称水葫芦的凤眼莲，原产于南美洲，最初引入中国作为禽畜饲料，而后以其观赏和净化水质的作用被推广培植。但由于其适应性强，繁殖迅速，具有潜在的生态风险，已成为生物入侵研究的焦点物种之一。

挺水植物

挺水植物是根及根茎生长于水底基质，茎呈直立状态，上部枝叶挺出水面的湿地植物。

挺水植物主要分布在水深在 1.5 米之内的湿地浅水区域，并常在河岸、湖边等水陆过渡地带形成大片群落。挺水植物一般植株较为高大且硬挺，可不依赖水位情况而直立于水面，常构成最主要的湿地植被景观框架。

挺水植物兼具水生植物和陆生植物的生物学特性，通常具有发达的通气组织及地下根茎和块根。典型的挺水植物荷花，其地下茎（莲藕）具有很多洞孔储存空气支持呼吸，并且连通挺水茎、叶片等形成水上水下一体化的气体通道网，使植物体能够适应水淹缺氧的环境。同时，深埋泥底的地下茎还能作为环境变干燥时的水分、养分供给器，在强烈的蒸腾作用下，也可保障植株能够忍受一定程度的干旱胁迫。挺水植物种类繁多，常见的有芦苇、雨久花、香蒲、菰、慈姑、泽泻等。粮食作物水稻也属于挺水植物。

克隆植物

广义的克隆植物是指自然条件下具有克隆性的植物，即植物无性繁殖得到的可连续传代并形成群体的植物。相对地，不具有克隆性的植物称为非克隆植物。狭义的克隆植物则专指具有克隆生长习性的植物，在此条件下，非克隆植物则指不具有克隆生长习性的植物。

克隆性是指在自然条件下，生物自发产生遗传结构相同并具有潜在独立性新单元或者个体的能力或习性。植物的克隆性可以划分为克隆生长和克隆生殖两大类。克隆生长是指在自然条件下通过营养生长而产生具有潜在独立性个体的过程。克隆生殖则是指无配子的种子生殖。在植物界中，克隆生长是实现克隆性的主要方式之一，尤其在高等植物中，而从形态发生的角度看，克隆生长实质上是根系和（或）枝系不断重复形成和（或）发展的过程，并且这种生长方式可能更注重于植物在横向空间上的扩展。

总体来看，单子叶植物中的克隆植物较双子叶植物中的多，草本植物中较木本植物中多，多次结实植物中较一次性结实植物中多，水生植物中较陆生植物中多，极地冻原中较热带雨林中多。在中国湿地中，克隆植物所占比重达 66.79%，占有重要地位。常见的芦苇、竹子等植物都是典型的克隆植物。

湿地观赏植物

湿地观赏植物是生长在湿地生境中具有一定观赏价值，适用于景观布设、美化环境并丰富人们生活的植物。

广义的观赏植物是指具有一定的观赏价值，并经过一定技艺进行栽培和养护的植物，有观花、观叶、观芽、观茎、观果和观根的，也有欣赏其姿态和闻香的，包括从低等植物到高等植物，从草本到木本的多种植物。狭义地讲，湿地观赏植物的概念更强调其人为属性，即不论其来源是野生或者人工栽培，也不论是本地物种或者是引入物种，专指那些出现在湿地公园、植物园，以及各种园林或庭院植被设计等人为景观中，以观赏价值为主的湿地植物。

结合中国湿地植物的自然分布以及其在园林中的应用状况，主要可以分为以下类型：①挺水植物。主要分布在沼泽地以及湖、河、塘等近岸的浅水处，植物挺出水面的部分具有陆生植物的特征，生长在水中的部分，如地下茎或根等，通常具有发达的通气组织。主要有莎草科、禾本科、香蒲科、黑三棱科、泽泻科、天南星科、雨久花科、睡莲科以及蓼科植物等。典型代表植物如芦苇、香蒲等。②浮叶植物。叶片始终浮于水面，具有细长而柔软的叶柄，并通常有沉水叶和漂浮叶之分。主要有菱科、睡莲科、眼子菜科等植物，通常在挺水植物不能分布的水较深的地区形成群落。③漂浮植物。一般整体漂浮在水面，如满江红科、槐叶萍科和浮萍科的植物，常见的造景群落有凤眼莲和荇菜。④沉水植物。该类植物整体沉于水面之下，如茨藻科、金鱼藻科、狸藻科等的种类，主要用于水族箱以及模拟水下景观的海底世界等场景营造中，具有较大发展潜力。⑤水际及沼生植物。要求较为潮湿的土壤条件，并且通常对缺氧条件和盐分胁迫具有较强的抗性，一般应用于河岸、溪水、湖边等与水面相平齐的区域，常见的有鸢尾科、灯芯草科、花蔺科、毛茛科植物。⑥岸边植物。主要是指在水体邻近区域出现的观赏植物种类，如玉簪、萱草、碎米荠等，并且该类型中通常包括较多的木本植物，如柳树、落羽杉、水杉、水松、竹类等。⑦红树林植物。分布主要在亚热带至热带沿海，包括水椰、角果木等，多出现于华南地区的园林植物景观营造中。各类植物的观赏侧重点不同，并常以一定的搭配形式同时出现，主要功能满足的是水面景观、岸边景观、沼泽景观和滩涂景观四类湿地景观类型下的空间配置与景色营造需求。

湿地盐生植物

湿地盐生植物是生长在湿地生境中的盐生植物。

湿地处于水陆过渡地带，其多样化的水文过程容易产生盐碱性土壤。如湿地退化引起的地下水位下降造成表层土盐分聚集，或者沿海湿地高盐度海水反灌等。因此，各类型湿地生态系统中都有与盐碱性土壤相适应的盐生植物。

一般认为，在基质中的氯化钠浓度达 200 ～ 500 毫摩尔 / 升时仍能顺利生长并完成生活史的植物，即可称作盐生植物。盐生植物按其生理特征可分为真盐生植物、泌盐盐生植物和假盐生植物。湿地盐生植物中常见的真盐生植物有碱蓬、滨藜、猪毛菜等；泌盐盐生植物有主要生长于盐沼湿地的柽柳、獐毛、米草与主要生长于红树林湿地的海榄雌、老鼠簕、蜡烛果等；假盐生植物有芦苇、灯芯草以及多种蒿属植物。盐生植物的各生理类型在湿地环境中也可能重叠分布。

湿地盐生植物主要有两种分布方式：一种是广泛散布于各类型湿地的盐碱化地段中，但植被主体不是盐生植物，如发育良好的湖泊、湿草甸，通常只在局部地段形成盐生植被；另一种是以盐生植物为主要建群种的湿地植被，如盐沼湿地和红树林湿地。其中，盐沼湿地按植物生活型和群落环境可以分为灌丛盐沼和草丛盐沼两个亚型。灌丛盐沼的盐生植物主要有盐角草群落和柽柳群落。草丛盐沼的盐生植物多为草本，主要有碱蓬群落、碱茅群落、赖草群落、海三棱藨草群落、獐毛群落、米草群落等。

胎生红树

胎生红树是果实成熟后，种子直接在母体上萌发，幼苗从母体吸收能量与营养，逐渐长成筷子状或笔状胎生苗的红树植物。

植物界的胎生现象绝大多数发生于红树植物，但并非所有的红树植物都有胎生现象。中国的20多种红树植物中，超过一半的种类不以胎生方式繁殖后代。

红树植物的胎生现象可以分为显胎生和隐胎生两类。前者的胚轴伸出果皮逐渐长成柱状的幼苗，所以其繁殖体既不是果实，也不是种子，而是尚未长根的幼苗。秋茄、木榄、红树和角果木等属于此类。隐胎生植物的胚轴并不伸出果皮，而是为果皮包被，在其落地一段时间以后才伸出果皮。此类植物有海榄雌、蜡烛果等。

胎生现象对红树植物适应潮间带环境具有重要意义。在缺氧和高盐的潮间带滩涂上，既不适合种子萌发，也不利于幼苗生长。胎生的方式有助于克服恶劣的环境，为后代在生活史的初期提供了能量与营养，改善成活和散播预期。研究认为，盐胁迫、淹水和遮阴是影响胚轴存活和生长的3个主要非生物环境因子，不同的立地自然条件以及胚轴自身的情况决定了胚轴存活与死亡之间的能量阈值，该阈值对于提高红树林造林成活率有非常重要的指导作用。

中国湿地植被分类系统

中国湿地植被分类系统是鉴别和区分各种湿地植物群落，并按照一定的原则，根据各种湿地植物群落的相似性和差异性，结合其发生、发展过程中的规律，把它们进行归纳和系统化，最终形成的具有一定科学依据的分类系统。

湿地生态系统中分布着种类繁多的植物。各种植物组合在一起便形成了植物群落。湿地植物群落多样，因生境条件和植物的适应性而异。这些植物群落的总体，就是湿地植被。每种植物群落，都是各种植物在外界环境条件影响之下，在一定地段上相互适应的有规律的组合，并且随着时间和环境条件的变化而变化。这样就使得各种植物群落之间既有差别，又有联系。

湿地植被分类在学术界历来存在不同判定，各国学者根据本国湿地植被特点以及不同学派的观点，形成各具理论体系的湿地植被分类系统。中国幅员辽阔，自然地理条件多样，湿地类型复杂多样，不仅有与欧亚大陆和北美，乃至热带滨海相似的湿地类型，而且在青藏高原还发育着中国特有的高寒湿地类型。因此，对中国丰富的湿地植被进行分类，具有较大的理论挑战性和创新性。中国湿地植被分类系统依据植物群落学－生态学原则，主要以植物群落本身特征作为分类依据，同时十分注意群落的生态关系。抓住群落外貌和种类组成两方面特点，在较高的等级单位中，以优势种为主，在较低的单位中更重视特征种或标志种。

中国湿地植被分类系统从植物的种、属成分，生境、群落的外貌特征和动态特征等方面，将中国湿地植被的分类单位确定为植被型组、植被型、群系和群丛四个主要等级，并在每一分类单位间增设辅助单位，如植被亚型、群系组等。在中国湿地植被分类系统中：①植被型组是最高级单位，由建群种生活型相近、生境相似的植物群落联合组成，如沼泽、红树林湿地、海草湿地等。②植被型则是在植被型组内，根据建群种的生活型的异同而划分的，如沼泽可以继续划分为森林沼泽型、灌丛沼泽型等。③群系是湿地植被分类中最重要的中级单位，以建群种或优势种相同的群丛归纳而成，如在各种类型的长白落叶松沼泽林中，建群种都是长白落叶松。④群丛是植被分类的最基本单位，同一类植物群丛，不仅优势种、关键种或者建群种相同，群落结构和外貌，以及生态环境等特征也一致。在植被分类单位的命名上，植被型组的命名，依据建群种的生活型所表现的外貌状况和生境差异而定。植被型的命名，依据的是群落的优势种生活型，如森林沼泽、灌丛沼泽等。群系的命名，依据的是群落的建群种或者优势种，如兴安落叶松沼泽。群丛的命名依据的是群落中各层的优势种，如兴安落叶松－油桦－修氏薹草群丛。

第 4 章

湿地水文

湿地水文指湿地水特征及其运动规律，主要包括降水、蒸散发、入渗、地表水－地下水相互作用等水循环过程。

在湿地水文、湿地植被和湿地土壤三项识别湿地的指标中，湿地水文具有决定性的因素，它能促成其他两个湿地特征。湿地水文过程在湿地的形成、发育、演替直至消亡的全过程中都起着直接而重要的作用。湿地通过水文过程如降水、地表径流、地下水、潮流、河流与洪水等进行能量和营养物交换，水深、水流形式、淹没程度和洪水频率这些都是水文输入和输出的结果，是土壤的生物化学特性和湿地最终生物种类选择的主要影响因素。

◆ **特征**

湿地水文制约着湿地土壤的诸多生物化学特征，从而影响到湿地生物区系的类型、湿地生态系统结构和功能等；还直接制约着湿地的地下水补给、径流调蓄和气候调节等水文功能；同时湿地生态系统中的植物、动物又影响了水文过程。这是一个相互影响、互馈的过程。

◆ **周期**

湿地水文周期是湿地水位的时间格局，它综合了湿地水量平衡的所有方面。任何一个湿地都有水文周期，取决于该湿地水分输入和输出的综合作用，同时该变化受到湿地本身特征及临近其他水体的影响。

不同湿地具有特定的水文周期，年际间的稳定格局决定了湿地的稳定性。湿地水文周期是地形与邻近水体影响下水流的输入与输出过程的综合表征。非永久性淹水湿地中，湿地处于静水的持续时间称为淹水历时。在给定时间内的平均淹水次数称为淹水频度。不同湿地类型或不同水分不同条件的淹水历时可能有较大差异。生产力最高的湿地实际是有脉动水位的湿地，旱涝交替能够为动植物提供多样性的生境和食物。

◆ 湿地水分循环与水量平衡

湿地的存在显著改变了所在流域或区域的水循环。不同地区湿地对水循环的影响也有很大区别。研究表明世界大部分地区的洪泛平原湿地会减少或者阻延洪水，但是在水源区或者江河系统中对洪水的作用相对较弱。水源地湿地加速了河流对降水的快速反应，并且增加洪峰流量。植被对降水的再分配和蒸散作用是湿地水分和能量在土壤－植被－大气界面交换的主要途径。土壤－植被－大气界面水文过程直接制约着与湿地的生态系统结构密切相关的地表水深度和量，是影响湿地水量平衡的一个重要环节。湿地水量平衡的基本原理是质量守恒定律。水量平衡是湿地水文现象和水文过程分析研究的基础，也是湿地水资源数量和质量计算及评价的依据。

◆ 降水、截流和径流

湿地上空的降水在植被影响下分成净降水、径流和植被截流蒸（散）发三部分。径流是降水通过植被枝干或茎部而进入地表的部分，它以点的形式补给土壤部分水分和养分以供植物生长需要，是测定湿地水平衡和养分平衡的一个重要参数。每次降水事件中，每棵树形成的径流大小与冠层投影面积和树皮的粗糙度等相关。径流沿树干到达地面后以树干为中心迅速扩散入渗，补给植被茎干周围的土壤，其水量可以达到降水量的十多倍，造成了降水在湿地内部空间的高度不均匀分布。植被冠层截流的蒸（散）发量一般占总降水量的 10% ～ 35%，是湿地水分损失的一个重要途径。植被对降水的截流损失受植被的类型、结构特征、密度、枯枝落叶层、降水形式和时空分布等多方面的影响。少量降水不超过植被树冠储水容量时，植被的截流率比较高；当降水持续时间较长，植被树冠的水分蒸发损失控制着植被的截流率。模拟降水截流损失的经典方法是用经验关系模型描述一次暴雨事件中截流和总降水量之间的关系。

◆ **湿地蒸（散）发作用**

蒸散作用是湿地水分和热量输出的一个重要途径，尤其在干旱地区，蒸散作用是湿地水分消耗的主要方式。测渗仪、蒸发皿和地下水水位的昼夜波动是测量实际蒸散量（AET）的常用方法。在长期积水的环境，测渗仪可以区分蒸发和入渗及地下水排泄造成的地表水位波动。地下水水位昼夜波动法一般只适用于淡水湿地，而不适用于潮汐湿地。测量实际蒸散量的方法还有涡动相关法等。

◆ **湿地水流特征**

明渠流和流过浓密植被的表面流是湿地主要的地表径流形式。在沟渠或者河道中植被数量相对较少，水流方向循着主要的泥沼河道方向，而且在明渠中水流的速度比湿地浓密植被表面流的速度要快很多。表面流的方向和速度由多个因素控制，即地形坡度、水深、植被类型、植被密度、土壤基底的厚度、距沟渠的距离、降水、蒸散作用等，故湿地表面流水文过程的模拟和计算相对复杂。在季节性大量水输入时，湿地和高地之间的水文联系常以地表径流为主。不同季节，湿地对降水径流的输入响应差别很大。当水位超过湿地洼地储水能力时，泥炭沼泽对湿地春季径流的响应非常迅速。在较干旱期，湿地成为孤立的集水小区而相应对径流响应较慢。

◆ **湿地地下水与地表之间的水文联系**

季节性积水的湿地或多或少都依赖于地下水，地下水和地表水存在明显的相互补给关系，尤其是地下水对湿地具有重要的顶托作用，因此地下水位的变化明显影响着这一类湿地的生态系统。但是，对于泥炭沼泽湿地来说，由于有机质较强的阳离子交换能力、强烈的生物作用和土壤结构特征，地下水的水文过程比较复杂。泥炭沼泽是否存在垂直方向的水力联系一直没有定论。

生态水位

生态水位是生态系统维持自身发展所需要的最低水量 / 水位，低于这一水量 / 水位，对应的生态系统就会逐渐萎缩、退化，甚至消失。

世界各国对如何确定适宜的湿地生态水位已进行大量研究，计算方法超过 200 种，这些研究方法依据原理的不同大致可以分为 4 类，即水文学方法、水力学方法、生境评价法和综合法。

水文学方法在一些文献中又称"历史流量法",是建立在历史流量监测数据基础上的方法,以历史流量资料来推导河流的生态流量,是世界上应用最广的方法。水文学方法又有坦南特法、得克萨斯法、基本流量法和流量历时曲线法。水力学方法是利用水力学观测数据来分析河流的径流量与鱼类生物的栖息地指示因子之间的关系,在此基础上来确定生态水位的方法,最常用的是湿周法和卡西米尔法。生境是动植物生活、生长、繁殖等生命环节周期中的重要组成部分。生境评价法就是根据指示物种所需的水力条件确定河流流量的方法,目的是为水生生物提供一个适宜的生境,主要代表方法有河道内流量增量法和河流群落生境评价与恢复概念方法。综合法是从研究区域生态环境整体出发,集合相关学科的专家意见,综合研究河道内泥沙运输、流量、河床形状与群落等之间的关系来确定流量的推荐值,并且要求值还能满足栖息地维持、景观维持、泥沙冲淤、生物保护等整体生态功能的方法。

湿地补水

湿地补水是使用工程手段向湿地输入维持其生态系统健康所需水分的过程,又称湿地生态补水。

水分条件是制约湿地生态系统生态过程的关键因子。水分供应不足会导致湿地面积萎缩,湿生植被无法得到充足的水分供应,生物栖息环境受到破坏,多种生物无法生存,生物多样性下降,生态系统的整体功能无法维持。缺水时间过长会导致生态系统受到不可逆转的损害。

湿地补水对于受水分条件制约的湿地生态系统的恢复具有重要意

义。湿地补水能改善湿地生态系统中生物组分的生存条件，遏制生态系统退化的趋势，促进生态系统正向演替。缺水是中国大部分湿地面临的问题，恰当合理地引水补给湿地是解决湿地面积萎缩、生物多样性下降以及生态服务功能降低的有效途径。从 2000 年开始，中国先后实施了黄河、塔里木河、黑河调水，扎龙湿地、南四湖补水工程，以及"引岳济淀"应急补水等多项工程，促进湿地生态系统的恢复和重建，取得了良好的生态效益和社会效益。

湿地排水

湿地排水是通过开挖沟渠等方法排出湿地中蓄水的湿地管理方式。排水后的湿地可用于放牧、育林和耕作等，是人类对湿地的利用方式之一。

北欧各国（如芬兰、瑞典、波罗的海沿岸国家及俄罗斯西北部）长期利用湿地排水提高森林湿地生产力。全球排水造林的泥炭地面积约为 1.5×10^7 公顷，其中芬兰占 34%，俄罗斯占 26%，瑞典占 11%，其他北欧国家占 23%，北美国家占 3%，中国占 0.5%。

排水使湿地面积急剧减少，区域水位和径流量降低，同时湿地调节区域径流能力也减弱。排水后湿地土壤温度升高、容重增大、孔隙度和含水量降低，沿着泥炭土→沼泽土→草甸土→风沙土的模式退化。湿地排水后，氧气进入土壤，使有机质分解加速，土壤中有机碳、氮及其他营养元素也快速流失。排水后的湿地，由于水位降低和土壤营养可利用性变化，湿地植物群落从沼生向中生演替。排水改变了湿地原有的水文条件，导致湿地生态系统结构和功能退化。

　　自 20 世纪末，世界各国已逐步停止湿地排水活动，并采取一系列的湿地保护措施。

湿地碳汇

　　湿地碳汇是湿地植物吸收大气中的二氧化碳并将其固定在湿地植被与湿地土壤中的过程。

　　湿地生态系统是已知陆地生态系统中仅次于森林的重要碳汇，具有巨大的能量与物质循环功能，对全球范围的碳循环有着显著影响。湿地水饱和、厌氧的环境特点，使得树叶中的有机物难以分解，而多以腐殖质和泥炭的方式被存储下来。虽然湿地面积仅占全球陆地面积的 4%～6%，但碳储量却占全球陆地碳储量的 12%～24%，是重要的生态系统碳库。据统计，泥炭地占全球湿地面积的 50%～70%，总面积达 400 万平方千米，碳储量为世界土壤碳储量的三分之一，相当于全球大气碳库碳储量的 75%。湿地含有大量未被分解的有机物质，因此起着碳库的作用，而不是碳源的作用。所以说，湿地是全球性碳汇。

　　湿地是重要的"储碳库"和"吸碳器"，是气候变化的"缓冲器"。湿地生态系统特殊的还原环境使其维持较高的生产力水平，在漫长的历史演化过程中呈现出碳汇的属性。由于水分过于饱和的厌氧的生态特性，湿地积累了大量的无机碳和有机碳。湿地中的微生物活动相对较弱，植物残体分解释放二氧化碳的过程十分缓慢，因此形成富含有机质的湿地土壤和泥炭层，起到固定碳的作用。但是，由于温度升高、降水量减少等气候变化因素，以及人类土地管理措施不当引起湿地生态系统发生变化，使湿地遭到破坏，湿地的固定碳功能将减弱，同时湿地中的碳也会氧化分解，湿地就会由"碳汇"变成"碳源"，加剧全球变暖的进程。据中国重要的沼泽湿地——四川若尔盖高原泥炭湿地26年的气象资料，该区年均气温每年以 0.01℃ 的速度增长，且有逐步变干的趋势。从区域气候条件来看，中国西北地区的河湖湿地一直处于暖干化发展阶段。另外人类对河湖湿地资源的开发利用愈演愈烈，气候与人为因素共同导致该区河湖湿地大面积消退。随着地表泥炭减少，湿地中原先封存的有机残体分解产生大量的 温室气体，其中主要是二氧化碳和甲烷。湿地中的碳氧化分解，湿地便将由"碳汇"变成"碳源"，从而加剧全球变暖的进程。总体来说，水位变化是影响湿地温室气体排放的主要驱动因子，保持水淹的湿地厌氧环境有利于甲烷产生，但一定程度上与二氧化碳排放呈反比。因此，综合评估变化过程中湿地的碳源/汇功能具有很大的不确定性。

湿地土壤

湿地土壤是湿地范围内具有一定土壤发育程度的颗粒介质的总称。

20 世纪初，俄国生态学家 V.V. 道库恰耶夫等就把沼泽土作为一个独立的土壤类型划分出来。至今世界土壤图、欧洲土壤图、非洲土壤图和加拿大、罗马尼亚等许多国家的土壤分类系统中仍沿用水成土这一名称。水热条件是湿地土壤形成的重要因素。湿地土壤由于地下水或灌溉水的浸渍而引起巨大的变化。这种土壤都具有水渍条件下形成的特殊土层，包括矿质潜育层、腐殖质潜育层、淹育层和潴育层等。

中国湿地土壤有 3 个特点：①面积大，全国约有 3600 万公顷，占土地总面积的 3.8%。②耕种湿地土壤面积大，在湿地土壤中大约有 70% 是人工湿地土壤，其中一部分是因灌溉而由非湿地土壤变为湿地土壤的，尤其是在热带、亚热带和盐渍土地区最为普遍。③耕种历史悠久，从出土的釉稻种籽来判断，中国水稻栽培已有 7000 年的历史。

在湿地范围内的土壤中，地下水层经常可以达到或接近地表，并且水分处于饱和或经常饱和的状态，它的水生或喜水植被常常可以形成特别的生态相。湿地土壤是湿地生态系统的一个重要的组成部分，是湿地获取化学物质的最初场所及生物地球化学循环的中介。湿地土壤具有维持生物多样性、分配和调节地表水分、分解固定和降解污染物、保存历史文化遗迹等功能。结合湿地土壤的生态功能、物质"源汇"功能、"养分库"功能、"净化器"功能以及"记忆"功能，利用层次分析法，建立了湿地土壤环境功能评价指标体系及其评价方法，构建了湿地土壤环境功能评价的概念模型。对湿地土壤及其环境功能评价研究，有利于进一步明确湿地土壤定义及湿地土壤在湿地中的重要地位，同时也丰富完善湿地科学的理论体系。

第 5 章

湿地资源

　　湿地资源是具有自然界富生物多样性的生态景观，并可以为人类提供重要的生存环境的资源，是重要的国土资源和自然资源，具有多种功能。

　　湿地的资源特征十分明显。首先，湿地为人类的生产生活提供多种直接利用的资源，具体包括：水资源、土壤和土地资源、泥炭资源、生物资源和旅游资源等。其次，湿地是重要的生态资源，具有巨大的环境功能和生态效益，在调节气候、抵御洪水、蓄洪抗旱、保护生物多样性、控制污染、美化环境和改善人类生活质量方面都具有十分重要的意义，被誉为"地球之肾""生命的摇篮""文明的发源地"和"物种的基因库"。因此，湿地资源与人类的生存、发展息息相关，对维持社会、经济可持续发展具有战略意义。

　　2021年，《湿地公约》成立50周年之际编写的《全球湿地展望：2021年特别版》估算全球湿地面积约15亿～16亿公顷。中国是全球湿地面积第四大国，是湿地资源极其丰富的国家。2014年1月公布的第二次全国湿地资源调查结果显示，中国湿地总面积5360.26万公顷，占国土面积的比率（即湿地率）为5.58%。其中，自然湿地面

积 4667.47 万公顷，包括近海与海岸湿地 579.59 万公顷、河流湿地
1055.21 万公顷、湖泊湿地 859.38 万公顷、沼泽湿地 2173.29 万公顷、
人工湿地面积 674.59 万公顷。中国的淡水资源主要分布在河流湿地、
湖泊湿地、沼泽湿地和库塘湿地之中，湿地维持着约 2.7 万亿吨淡水，
保存了全国 96% 的可利用淡水资源，湿地是淡水安全的生态保障。中
国湿地有湿地植物 4220 种，湿地植被 483 个群系，脊椎动物 2312 种，
隶属于 5 纲 51 目 266 科，其中湿地鸟类 231 种，湿地是名副其实的
"物种基因库"。湿地净化水质功能十分显著，每公顷湿地每年可去除
1000 多公斤氮和 130 多公斤磷，为降解污染物发挥了巨大的生态作用。
同时，中国湿地储存的泥炭对应对气候变化发挥着重要作用，如若尔盖
湿地面积 80 万公顷，储存的泥炭高达 19 亿吨。

湿地合理利用

湿地合理利用是在可持续发展的前提下，通过应用生态系统途径来
维护湿地的生态特征。

为了有效遏制和逆转全球湿地丧失和退化的趋势，《湿地公约》提
出"湿地合理利用"的概念。《湿地公约》第三次缔约方大会（1987）
首次将其定义为"湿地合理利用指在维持生态系统自然属性的同时对湿
地进行可持续利用，使其造福于人类"。2005 年 11 月召开的《湿地公约》
缔约方大会上通过科学技术评估委员会的提议，将定义更新为"在可持
续发展的前提下，通过应用生态系统途径来维护湿地的生态特征"。

2001 年，世界卫生组织、联合国环境规划署和世界银行等机构组

织开展"千年生态系统评估项目",首次对全球生态系统进行多层次综合评估。在《生态系统与人类福祉:湿地与水资源综合报告》(2005)中根据《湿地公约》的指导方针,提出了"合理利用湿地"的框架,以将合理利用的原则尽可能广泛地运用于所有湿地生态系统,以便在土地利用决策上遵循可持续发展理念,实现环境、经济和社会的可持续发展,并鼓励个人和集体利益的协调。在生态系统方法背景下,应选择合适的时空尺度,提高湿地生态系统服务,维持或改善湿地生态特征。

《湿地公约的湿地合理利用手册》提供了评估湿地生态系统服务工具包,以指导缔约国关注湿地管理战略和管理措施。《湿地公约的湿地合理利用手册》对缔约国强调:①采取国家湿地政策,许诺审查现有的法律和制度有关湿地的条款(无论是独立的政策或其他政策的一部分)。②开展湿地清查、监测、研究、培训和公共宣传项目。③发展并实施流域综合管理计划。④实现湿地多重效益和价值,包括泥沙和侵蚀控制,防洪,水质控制和污染减排,地表水和地下水的供应维护,渔业、牧业和农业管理,提供户外休闲、社会教育服务和维持气候稳定等。

湿地资源调查

湿地资源调查是以清查湿地资源及其环境现状,了解湿地资源的动态消长规律为目的,通过资料收集、野外调查、现地访问和3S(地理信息系统、全球定位系统、遥感)技术等手段对湿地资源进行全面、客观的分析评价,并建立湿地资源数据库和管理信息平台,为湿地资源的保护、管理和合理利用提供统一完整、及时准确的基础资料和决策依据,是收集湿地信息并描述湿地生态特征的基本手段。

◆ 调查内容及时间

湿地资源调查的调查内容包括湿地的自然环境要素、水环境要素、湿地动植物分布及生境情况、湿地保护与管理情况。①自然环境要素包括湿地型、面积、位置（坐标范围）、平均海拔、地形、气候、土壤等。②湿地水环境要素包括所属流域、水源补给状况、水文要素、地表水和地下水水质等。③湿地植物群落和植被情况包括植被类型及面积、主要优势种、生物量等。④湿地野生动物需重点调查湿地内重要陆生和水生脊椎动物的种类、分布及生境状况，包括水鸟、兽类、两栖类、爬行类和鱼类，以及重点调查湿地内占优势或数量很大的某些无脊椎动物，如贝类、虾类、蟹类等。⑤湿地保护与管理情况包括湿地利用状况、社会经济状况和受威胁状况等。

淡水湿地调查一般应选择丰水期的遥感影像资料；近海与海岸湿地调查应选取低潮时的遥感影像资料。

◆ 中国湿地资源调查

1995～2003 年，国家林业局组织开展了首次全国湿地资源调查，调查范围为面积在 100 公顷以上的湖泊、沼泽、近海与海岸湿地、库塘，河床（枯水河槽）宽度 ≥ 10 米，面积 ≥ 100 公顷的河流以及其他具有特殊意义的湿地，人工湿地除库塘外，其他类型没有涉及。首次调查初步掌握了全国湿地资源的类型、位置、面积、保护与管理等情况。2009～2013 年开展了第二次全国湿地资源调查，对中国大陆领土范围内所有 8 公顷（含）以上的近海与海岸湿地、湖泊、沼泽、人工湿地，以及宽度10米以上、长度5千米以上的河流都进行了调查，与《湿地公约》要求接轨。此外，在调查内容上也有所扩展，增加了流域水资源、湿地生态系统服务和湿地资源利用调查等。

第 6 章

湿地监测

湿地监测是对特定区域内湿地生态系统的要素指标进行定期或不定期的测定、观察与调查。

湿地监测是进行湿地科学研究的基础性环节，可为阐明湿地生态系统的形成、发育和演替，评价其健康状况，制定湿地保护管理措施和政策等，提供基础数据支撑。

湿地监测内容包括对湿地生态系统中的气、土、水、生等要素的监测。监测指标包括总体概况指标、湿地气象监测指标、湿地土壤监测指标、湿地水文监测指标、湿地水质监测指标、湿地生物监测指标和湿地灾害监测指标。可根据需要设立观测频度。

第7章 湿地景观

湿地景观是在一定地理区域内，在气候、土壤、生物和人类活动等多种因素长期综合作用下形成的，以湿地生态系统为主体的具有异质性的空间单元。湿地景观是一种景观类型，是用于划分区域的分类单位。

湿地景观可以分为湿地水体景观、湿地生物景观和湿地人文景观。①湿地水体景观。以河流、溪流、瀑布、湖泊、沼泽、滩涂以及库塘等以水为主体的景观，可以是自然形成的，也可以是人工建设的。②湿地生物景观。可以分为湿地植物景观和湿地动物景观。湿地植物景观主要指由分布在湿地中的植被、植物群落、植物个体所表现的形象，能够让人们产生美的感受和联想，可以通过湿生植物、挺水植物、浮水植物和沉水植物的配置来表现。湿地动物景观的主体为湿地水鸟、湿地昆虫和鱼类等，这些湿地动物与其所在的栖息生境共同构成湿地动物景观。湿地动物景观的主体具有可移动特点，同时湿地动物的声音，如鸟鸣、蝉噪、蛙声等可形成声景观。③湿地人文景观。以湿地元素为主题的人文景观，或者存在于湿地中和湿地密切相关的人文景观。

湿地景观设计

湿地景观设计是基于恢复生态学理论、基础生态学理论和景观生态学理论，运用生态工程的手法，平衡设计区域中生态系统的物质循环和能量流动，在满足适度游憩功能的同时，有效改善原有湿地生态条件的过程。

湿地景观设计主要是对湿地景观中的水体景观、生物景观和文化景观进行设计。其目标是维护湿地景观生态系统的生态特性和基本功能，最大限度地发挥湿地景观在改善生态环境、提供生境、科普教育和休闲游憩等方面所具有的生态、环境和社会效益，遏制对湿地景观的不合理利用现象，保证湿地资源的可持续利用，实现人与自然和谐发展。具体可分为：以净化功能提升为主要目标；以生物栖息地尤其是水鸟栖息为主要目标；以开展科普教育为主要目标；以休闲游憩为主要目标。

湿地景观设计主要包括：①湿地景观竖向设计。过程中尽量减少土方工程量，在湿地景观规划中保持整个场地内的土方填挖平衡。驳岸设计是竖向设计的重要内容，其主要类型有自然型驳岸、生物工程驳岸、人工驳岸。通常利用自然缓坡有助于湿地植物的生长。②湿地景观宣教设计。是展示湿地功能的重要手段，设计主要包括室内宣教展示设计与湿地户外宣教展示设计。室内宣教展示包括：多媒体、互动游戏、橱窗展示等。湿地户外宣教展示包括：湿地博物馆、湿地植物园、湿地动物园、湿地讲座与培训等。③湿地景观生态岸线设计。设计时尽量运用自然形式，以区位与周围环境协调，用湿地基质代替人工砌筑。同时结合湿地的参观、污水净化、生境保护等功能，将岸线建设成为多种生物栖息地。④湿地景观构筑物设计。设计过程中应注意：将人为干扰降到最低；景观构筑物与湿地环境协调统一，融入景观环境，对原生境影响最小；景观构筑物营造体现乡土特色；对观景人群具有吸引力。

沉水步道

沉水步道是湿地公园中连接水上与水下区域，展示水下生态世界，具有观赏和科普功能的人工廊道，又称水下生态廊道。

在沉水步道的设计中，步道的基准面一般要低于水面 2 米左右，用抗压玻璃或其他透明材质作为挡水墙。游客通过台阶进入步道，仿佛置身水下世界欣赏水中植物、鱼类和贝类等，还能透过水面看水鸟。沉水步道设计对水质的要求较高，游人主要观赏水生植物的根系及根系间穿梭的鱼类等；同时，沉水步道两侧的抗压玻璃或透明材质要长期保持清洁干净，保证游客随时能直观地观赏水中植物、鱼类等的生长生存状况。沉水步道的功能在于，游客可以观察到各类水生植物和鱼类等和谐共生的水中景观，通过鱼儿啄咬植物根、茎等场景来了解水下部分生物链知识，充分体现湿地生物多样性。沉水步道作为游人欣赏美景、感受水下环境的载体，能够丰富游客的游憩体验，是具有特色科普特点的生态廊道。

观鸟屋

观鸟屋是为观测区域内一种或多种鸟类而设立的常见观鸟设施。

观鸟屋多建造于自然保护区、自然保护小区、湿地公园、公园内或其他鸟类活动较为密集的区域，是人类用于观察、记录或拍摄鸟类栖息、觅食、筑巢、繁殖、育雏、停歇和飞翔等活动的场所。在此科考人员、鸟类爱好者以及社会公众借助望远镜等光学工具，可对照常见鸟类图谱，鉴别鸟类的种类，并观察、欣赏和研究自然状态下鸟类的外形姿态、取食方式、栖息环境、繁殖行为以及迁徙特征等。

由于鸟类活动易受到人类活动的干扰，观鸟屋的设计及建造应遵循鸟类活动的自然规律，根据地形、地貌等自然环境及观察对象的特点，多采用木质、仿木、石质、竹制等自然或仿自然材质。为满足与自然环境相融合、隐蔽性强等要求，颜色多为原木色或与周边自然色一致。观鸟屋可为一层或多层，内设单筒望远镜、多筒望远镜等观鸟设备及常见鸟类图谱，在不影响鸟类活动的前提下，为人类提供认识鸟类、亲近自然的平台，是湿地科普的重要途径。

鸟　岛

鸟岛是鸟类赖以生存的空间，以栖息鸟类而命名，并且鸟类能从此空间中获得其所需的食物、庇护所等生存条件，并逐渐形成对特定栖息地的适应，产生对特定栖息地的偏爱性和选择性。鸟岛又称鸟类栖息地。

根据鸟类对食物、水、栖息、庇护所、营巢等方面的要求，规划设计相应的栖息环境，并通过水陆关系的整理，可营建光滩、草甸、芦苇荡、浅淡水域、开敞深水区和其他植物群落等多种栖息地生境，以吸引鸟类栖息。

鸟岛中水域、光滩、植被是影响鸟类分布的重要生境单元，在鸟岛设计中，应该从总体布局、规划分区、竖向设计等多方面考虑。在营建鸟岛时，首先要考虑水体设计，主要包括丰富的水体形态、不同的水深控制、缓慢的流速和水位变化以及线形和生态材料设计的驳岸；其次是植被群落规划和种类选择，需要考虑边缘

雄安新区白洋淀的鸟岛

效应，植被群落边缘区域组成结构复杂性对鸟类多样性的影响较大，另外，需要根据鸟类取食、筑巢等爱好，选择相应的植物种类；再次是人为干扰的控制，主要考虑建筑道路的距离、鸟类繁殖期和筑巢期进行人为疏导、观鸟台建设采用掩体或高台、边缘－密植林地能阻隔大风和城市噪声等；最后可以采取相应的主动招引措施，如建立人工鸟巢以及鸟类停歇台等。

浅　滩

浅滩是海洋、河流、湖泊或其他水体中接近常水位高度且地形相对平缓的湿地区域。

浅滩有薄层水体覆盖，可有部分区域出露水面，是湿地动物觅食与栖息的重要场所，包括低矮植被的滩地和无植被覆盖的泥滩或砾石滩等。

　　浅滩分为沙质浅滩、卵石浅滩、泥质浅滩和石质浅滩等。其中，沙质浅滩的形成主要是由于上游来沙量大于水体的输沙能力，过量泥沙滞留、淤积造成的。由于河床宽阔处或支流河口附近的水流速度减缓，泥沙淤积量大，使其成为浅滩最易形成的区域。在河流湿地中，水体流速的变化造成水流的侵蚀和堆积作用交替进行，泥沙堆积形成浅滩，水流侵蚀造成深槽，浅滩和深槽交替分布，使河床纵剖面波状起伏。

　　浅滩又可分为自然浅滩和人造浅滩。由于浅滩可为涉禽类湿地水鸟、两栖动物和昆虫等湿地动物提供栖息生境，基于主要保护对象及湿地生态系统稳定性的需求，可在湿地自然保护区、湿地自然保护小区、湿地公园及其他湿地中选择面积较大的开阔水体，在临近水面且起伏不平的开阔地段营建人工浅滩，通过机械推土减小坡度，减缓水流的冲击和侵蚀。为满足鹤类、鹭类、鹬类等湿地水鸟和其他湿地动物的

浅滩上的水鸟

浅滩

觅食与栖息需求，浅滩坡度宜在 1‰～ 4‰，宽度不宜小于 5 米，常水位下淹水深度宜为 10 ～ 30 厘米。浅滩地表可种植低矮植被，也可为裸露的泥滩或沙石滩。

亲水平台

亲水平台是从陆地延伸到水面且高于水面，供游人亲水戏水的平台。亲水平台为游客在湖泊、河流等以水资源为依托的景点提供观赏水中植物、鱼类以及欣赏沿岸风光的场所，在保证结构安全的前提下充分体现亲水功能，展现人文平台与自然景观的完美融合。

亲水平台主要包括景观浮桥、水上步道和观景走廊等形式，以使人们的游览环境更具有自然气息。

亲水平台的设计理念主要包括两方面：①以人为本的设计理念。设计要符合水域本身水位变化，在不同季节能满足人们亲水戏水需求，提供给人们与水域联系的视觉空间，让观赏者的视野更加开阔明朗，契合人与自然环境相融合的要求。②生态的设计理念。亲水平台设计中应遵循物种多样性原则，维持植物生态环境和动物栖息地的质量。

因此，亲水平台在设计布局中应考虑以下五个问题：①亲水平台实体部分不得超出规划驳岸线。②根据工程自然条件及岸线规划情况，进行合理布置，提高岸线利用率。③满足防汛要求。④注重保护该区域内自然生态环境和特色历史遗留等。⑤强调亲水平台沿线的变化、多样性以及水体的可接近性，打造令游客流连忘返的休憩场所。

湿地保育区

湿地保育区是湿地公园内具有特殊意义，需要保护或恢复的湿地区域。

需要保护的湿地区域一般具有相对明显的湿地生态特征和完整的湿地生态过程，或丰富的生物多样性，或是湿地生物的栖息场所、迁徙通道。对有潜在生态价值的受损湿地，进行湿地恢复与涵养。在湿地保育区内，可以针对特别需要保护或恢复的湿地生态系统、珍稀物种的繁殖地或原产地设置禁入区，针对特殊的湿地生态系统保护与恢复阶段，候鸟及繁殖期的鸟类活动设置临时禁入区。

湿地保育区主要发挥以下几大功能：①生态功能。包括净化水质、降解污染、涵养水源等。②宣教、科研功能。保育区中丰富多样的动植物群落、珍贵濒危物种和独特的自然景观等，为教育和科学研究提供了对象、素材和实验基地，发挥其作为环境保护宣传教育有效载体的功能。③湿地文化功能。充分展示湿地自然生态和历史人文资源。

湿地护坡

湿地护坡是在水体与陆地交错、水文条件周期性变化的生态交错群落区，运用湿地植物与工程材料实施的兼顾自然生态环境和景观效果的生态护坡工程。

湿地护坡可以增强岸坡的抗冲刷能力，减缓地表径流对岸坡表面的侵蚀，从而实现防止水土流失和雨水侵蚀、维持湿地岸坡植物生态环境、提高岸坡生物栖息地质量、丰富生物多样性、防止水域富营养化等目标。

当湿地岸带处地表裸露、过陡不稳定、土壤松散易受侵蚀时，应遵循因地制宜、生态系统稳定和力学稳定的原则，根据湿地岸坡的坡度、坡高、基质组成结构等特点选择不同的生态材料实施护坡。根据湿地护坡采用的技术手段和护坡材料的差异，湿地岸坡恢复的技术方法分为：木桩护坡、块石护坡、生态砖和生态混凝土护坡、生态袋护坡、植物护坡、生物工程护坡、基材护坡和种植基护坡等方法。当湿地岸带坡度不超过 15° 时可采用植物护坡，大于 15° 时宜多种护坡技术结合，尤其在岸带坡度较陡、水流冲击力度较大的区域，可采用块石护坡、透水砖护坡和生态袋护坡等方法。

湿地生境设计

湿地生境设计是以河道清淤、植物物种修复、驳岸生态化改造为目标，对湿地的水环境、土壤（基底）、动植物资源及湿地历史文化进行的保护和恢复设计，以达到完善湿地生态系统，提高湿地生境的异质性和稳定性的目的。

湿地生境是湿地生物所栖居的所有湿地环境因素的总和，包括水分、土壤、地形等生态因子。湿地生境设计中，水环境的恢复设计包括湿地水文条件的恢复和湿地水环境质量的改善；基底恢复设计主要是通过工程措施，改良湿地土壤结构和组成，来维护基底的稳定性；动植物资源保护和设计要坚持多样化、自然化和本土化的原则，植物物种的选择应遵循自然湿地中稳定群落的物种组成比例，以形成自维持能力较好的湿地生态系统，并兼顾生物多样性和湿地景观效果。

湿地生境设计具体手法如下：①地形改造，建立缓坡，营造多样的湿地环境。湿地生境设计中，如果岸坡较陡或环境相对单一，则不利于植被的固着和动物的栖息，可通过建立缓坡来进行地形改造，增加水陆过渡带的宽度，允许不同植被带的植物群落过渡，为丰富的湿地植物群落提供可能，进而为湿地动物提供栖息、繁殖的场所。②建立模仿自然湿地植物群落的生态结构。营建时遵循相似地域湿地群落的物种组成和比例进行配植。初期可设计较多的物种，在演替后，群落中湿地生物多样性将更丰富，生态系统结构更加稳定。③适当保留湿地枯木。在湿地生境设计中，枯木除了作为湿地景观要素外，也是湿地水鸟的停歇处。从生态性角度考虑，枯木可以为生物提供栖息地，有利于野生动物的繁衍。④水面改造。湿地生境设计中，可将湿地水面设计成不同深度的浅水水面和深水水面，以满足不同湿地生物栖息的需要。⑤污染源处理。在湿地生境设计中，通过构建沉淀池、周边外源性污水做截流处理等，为湿地生境营造打造良好的基础。

湿地生态功能展示区

湿地生态功能展示区是湿地公园内展示湿地生态特征，或展示湿地生物多样性、水质净化、区域气候调节等生态功能的区域。

湿地生态功能展示区内应具备湿地资源、景观、文化展示和宣教的基础条件，建成湿地公园集中展示湿地景观、湿地动植物资源和湿地功能的区域，为湿地公园的生态旅游与科普教育提供平台。通过实物展示和实地感受，传播湿地保护理念。湿地生态功能展示区可以根据湿地地势，构建典型湿地植被景观，开展与湿地有关的科学活动，如建设濒危动植物观察廊、动植物知识展廊，展示湿地生物多样性、珍稀物种等；通过湿地建设互动展示馆、湿地科普馆等，介绍湿地保护的历史和现状，展示湿地的人文历史；普及湿地的科学知识，提高公众对湿地的保护意识和积极性。

湿地水上游线

湿地水上游线是湿地公园中在陆路游览路线之外形成的水路游线系统，是有别于陆上游线的游览观光形式。与陆路游线相辅相成，有所交叉，但又各有侧重。

湿地水上游线在路径、方向、视角等方面具有与陆上游线截然不同的鲜明特色，可充分展现变化繁复的水景魅力。水上游线结合各自具体特色，充分挖掘独特文化，体现当地特色，成为展现形象的窗口，达到经济效益、生态效益和社会效益的高度统一。

湿地水上游线以水上观光、休闲娱乐为主。设计和运营中，应注重以下问题：①两岸布局应注重周边生态环境和景观营造。②以游客为导向，游船类型应多样，可包括水上巴士、小型游艇、小汽船和手划船等，满足各层次游客的需要。③船上活动内容应丰富多彩。在游览过程中举行主题多样、体验性强的活动，融入更多休闲文化旅游活动。④建设泊靠码头和配套服务设施，布局合理合规，泊靠码头与主要景点相连。⑤根据水上运营条件，制定相关管理制度来控制游船数量等。

湿地水系规划

湿地水系规划是以湿地内各种水体构成的脉络相通的系统为研究对象，包括动态水、静态水和地表水、地下水以及水源和水系末端等，通过合理布局水体，调整水系结构，疏通水系，来确保水系在湿地范围内的连通性与延续性，并对湿地内水体来源和末端排放进行生态化处理，对水景观和游人活动等进行的规划设计和策划评估。同时，兼顾水体、岸线和滨水空间三个层面的功能，使其功能配置相互协调，形成完善合理的水系空间体系，以达到湿地生态安全、净化水体以及体现湿地景观等的目的。

湿地水系规划既要满足游憩观赏的需要，又要满足生态保护的需要。规划包括三个层次：①要满足所在城市或流域的水系规划要求，满足整体的供排水、防洪、景观等系统结构及其对湿地水系的功能要求。②要考虑湿地层面内整体水系的水源和水质保障，保证湿地水系的自由贯通、自然循环，强调维持和恢复水系生态过程及格局的连续性和完整性。③以人的观感和接触为切入点，满足生态诉求和人为景观诉求两方面，通过水系规划来实现湿地生态生境的营造和强调人的亲水性、湿地景观的易达性与互动性。

湿地水系整体规划中应遵循以下四条原则：①自然原生性原则。湿地水系规划中，保证水系动脉的通畅和弹性是实现整个湿地生态系统健康的必然选择。所以应遵从自然，保留水系的自然特征，让其在自然状态下发育，为水系留有足够的空间，利于湿地防洪减排，保证湿地生态安全。②连通性原则。湿地水系中的上下游水体、地上水与地下水、水系水平面上的河湖渠道的交叉联系，需要形成流动的水系网络，并提供整体的、连续的生存环境。③功能性原则。湿地水系规划是湿地动植物发挥功能的前提，湿地植物因水而生，动物依水而存活。要将水系规划作为湿地分区、景观结构、滨水景观设计、植被布局、动物分布等设计构思的根本和落脚点。④防污染原则。湿地水系规划中不仅要保证源头水质，还要考虑湿地保护和利用过程中有可能带给水质的影响，注重综合保护与防治。

湿地体验区

湿地体验区是湿地公园内具有观赏性的湿地自然景观或人文景观分布的湿地区域。

湿地体验区可以展示湿地农耕文化、渔事等生产活动，示范湿地的合理利用，允许游客进行限制性的生态旅游、科学观察与探索活动，或者参与农业、渔业等生产过程。

湿地体验区可通过地形改造、水文连道等工程，营造浅滩、沼泽、溪流、喷泉、瀑布、开敞水面、河流片段等湿地景观形态。可以利用河滨带、湖滨带以及开阔水域等湿地空间设计多种湿地体验项目，让参观者体验活动的文化性、趣味性和互动性。

湿地体验区在不影响湿地生态的基础上，可以合理开发湿地生产功能，挖掘湿地文化，寓教于乐，加深大众对湿地文化、功能的了解，切身体验和感受湿地的重要性，提升公众的环境保护意识。

栈　道

栈道是在悬崖峭壁上凿孔架木铺设的道路,阁楼间连接的空中通道,或是架设在水面上的通道,属于建筑通道的一种,又称阁道、复道。

古代人们把石桩或木桩插在绝壁上凿出的菱形孔穴内,其上横架木板或石板,使人、畜在深山峡谷平坦无阻地通行,有时为防止木质淋雨腐烂,在栈道顶端建造廊亭(阁),称为栈阁之道,简称栈道。古时栈道多见于高山峡谷之间,是山区的交通干线,在经济、文化、军事等方面发挥了重要作用。现代栈道应用广泛,在风景名胜区、自然保护区、公园、郊野、小区等地都有

游客行走在青海省冬格措纳湖畔的木栈道上

铺设,多为凌空或临水,形状可曲可直。

在湿地景观规划中,为满足景观、休闲游憩、环境教育等需求,提供对河、湖等水系的视觉探索机会,沿河流、湖泊、海滨或穿过水体铺设木质景观栈道,并多与观景平台相连。为形成完整的风景构图,根据地形、水体、植物、建筑物、铺装场地及其他设施,选用木质、仿木材料,玻璃和钢结构等铺设,为安全性可加装同材质护栏。

第 8 章

湿地保护

湿地政策

湿地政策是由政府参与或制定的，关于全面保护、合理利用和统一协调管理湿地资源，维护湿地生态系统平衡，保护湿地生物多样性，实现湿地资源可持续利用和湿地功能可持续发挥的一系列政策，主要内容涉及湿地管理、湿地保护、湿地利用等不同方面。

世界上第一部关于湿地保护的全球性公约为《关于特别是作为水禽栖息地的国际重要湿地公约》（简称《湿地公约》），主要为水鸟栖息与合理利用湿地提供依据。1992 年，中国正式加入《湿地公约》，由林业部（今国家林业和草原局）负责组织、协调履约工作。2000 年，国务院 17 个部门联合颁布《中国湿地保护行动计划》。2001 年，湿地保护和恢复示范、湿地监测等内容纳入六大林业重点工程之一。2003 年，国家林业局会同国家发改委等 9 个单位编制完成了《全国湿地保护工程规划》（2002 ～ 2030）。2004 年，国务院办公厅发出了《关于加强湿地保护管理的通知》，要求"采取建立湿地保护区，保护小区，湿地公园等多种形式加强自然湿地的抢救性保护，完善湿地保护和管理的制度建设"，是中国政府第一次就湿地保护做出的明确声明，表明湿地保护已经纳入国家议事日程。2005年，国务院批准了《全国湿地保护工程实施规划》和三江源湿地保护的专项规划。2006年，国家将湿地保护列入"十一五"（2005～2010）建设重点并启动了湿地保护工程建设。2007年，分别成立湿地保护管理中心和中国履行《湿地公约》国家委员会。2009年，《国家湿地公园建设规范》和《国家湿地公园评估标准》出台。2010年，湿地生态效益补偿试点启动。2012年，国务院正式批复《全国湿地保护工程实施规划》（2011～2015），明确了"十二五"期间国家湿地保护的指导思想、原则、目标、重点区域、重点项目和保障措施，确定了包括滨海湿地区在内的8个保护与建设的重点区域。明确规划期内，将选取中国最典型的黄河三角洲、辽河三角洲、长江口、闽江口湿地以及福建、广东、广西、海南的红树林集中分布区，开展面积达1875公顷的近海与海岸湿地恢复和综合治理工程。其中，湿地生态系统恢复面积1375公顷，关键物种栖息地重建面积420公顷，外来入侵物种防治面积80公顷。2013年，经国务院常务会议审议通过《水质较好湖泊生态环境保护总体规划》（2013～2020），以2013～2015年为近期规划期限，并提出到2015年优于Ⅲ类（含Ⅲ类）的湖泊水质不降级、其他湖泊水质达到Ⅲ类的目标。至2016年，政府已累计投入158亿元，支持全国77个湖泊开展生态环境保护工作。

2013年国家林业局颁布《湿地保护管理规定》，为中国向全国层面的湿地立法推进了一大步。2021年12月24日，中华人民共和国第十三届全国人民代表大会常务委员会第三十二次会议通过《中华人民共和国湿地保护法》，自 2022 年 6 月 1 日起施行。

这些政策、法规的制定有效制止了侵占破坏湿地、限制无序开发湿地、鼓励合理利用湿地以及促进了湿地生态补偿、湿地生态用水、湿地用途监管等方面的政策制度逐步建立健全。湿地保护被纳入水资源管理、流域综合管理、土地利用等多个重大行业规划，国家出台了抢救性湿地保护政策，将湿地总面积、湿地保护面积纳入了中国资源环境指标体系。

《湿地公约》

《湿地公约》是致力于保护和合理地使用全球湿地以及湿地资源的国际公约，又称《拉姆萨尔公约》。

1971 年 2 月 2 日，来自 18 个国家的代表在伊朗拉姆萨尔共同签署了《关于特别是作为水禽栖息地的国际重要湿地公约》，简称《湿地公约》。该公约是在世界自然保护联盟（IUCN）组织下谈判达成的一项政府间协议，于 1975 年 12 月 21 日生效。中国于 1992 年加入《湿地公约》。

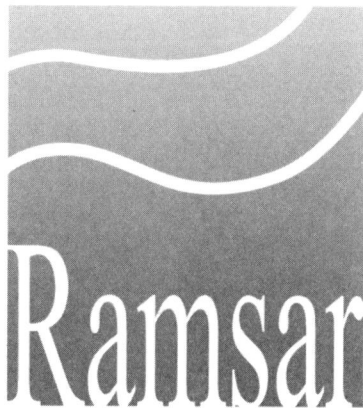

《湿地公约》标志

根据《湿地公约》，缔约方主要有下列义务：在加入《湿地公约》时至少指定一个湿地列入《国际重要湿地名录》，加强其保护，并在以后继续指定其领土范围内其他湿地列入此名录；缔约方应将湿地保护纳入其国家土地使用规划中，促进其领土范围内湿地的合理使用；建立湿地自然保护区，在湿地研究、管理和守护方面开展培训；与其他缔约方就履约事宜进行磋商，特别是在跨境湿地、共有水体和物种方面。缔约方大会是《湿地公约》的决策机构，每 3 年召开一次会议。

为纪念《湿地公约》诞生，1996 年 10 月，《湿地公约》第十九届常委会决定将每年 2 月 2 日定为"世界湿地日"。2015 年 6 月 1 ～ 9 日，第十二次缔约方大会在乌拉圭埃斯特角城召开，并通过了包括《2016 ～ 2024 年战略计划》，为《湿地公约》提供科学技术咨询和指导的新框架，宣传教育、参与和意识提高方案，《湿地公约》湿地城市的认证等在内的 16 项决议。2022 年 11 月 5 ～ 13 日，第十四次缔约方大会在中国武汉和瑞士日内瓦召开。

《湿地公约》是一个框架性的多边环境法律文书，没有强制性惩罚条款。缔约方通过各自国内行动和国际合作，实现湿地的保护和可持续利用。50 多年来，它为保护全世界的湿地发挥了积极作用。

《中国湿地保护行动计划》

为全面加强中国湿地及其生物多样性保护，维护湿地生态系统的生态特性和基本功能，由国家林业局牵头，外交部、国家计划委员会、财政部、农业部、水利部等国务院 17 个部门共同制定的《中国湿地保护行动计划》于 2000 年正式公布实施。

《中国湿地保护行动计划》包括中国湿地概况、湿地保护现状、湿地利用的重要意义、指导思想与目标、湿地行动计划的优先行动和存在问题及原因等内容，是 1992 年中国加入《湿地公约》以来，保护湿地资源的一个重大举措。这一计划的启动，使湿地保护部门的行动朝着统一的方向发展。

《中国湿地保护行动计划》的目标是在 2005 年前基本遏制因人为因素导致的天然湿地数量下降的趋势，扩大湿地保护区面积，建设 10 处国家级湿地保护与合理利用试验示范区，基本形成中国湿地生物多样性就地保护网络体系。到 2020 年，通过实施退耕还林、退田还湖、疏浚泥沙等综合治理措施，逐步恢复退化或丧失的湿地，提高对国家重要湿地和自然保护区的管理水平，使中国的天然湿地及其生物多样性得到有效保护。通过 20 年的努力，在中国建立起比较完善、科学、规范的湿地保护与管理体系，使中国的天然湿地及其生物多样性基本得到有效保护，同时力争使退化湿地得到不同程度的恢复治理，使节水农业和湿地合理利用技术得到广泛使用，使中国湿地能明显地发挥生态、经济、社会效益。

《中国湿地保护行动计划》优先启动中国红树林保护与合理开发利用、中国湿地鸟类保护、长江中下游湿地的恢复和重建、黄河三角洲湿地及其生态系统可持续发展等 39 个项目。湿地保护项目以政府投入为主，同时鼓励社会各类投资主体的投入。

《全国湿地保护工程规划》

为进一步加强中国湿地保护，由国家林业局、科学技术部、国土资源部、农业部、水利部、建设部、国家环境保护总局、国家海洋局共同编制的《全国湿地保护工程规划》（2004 ～ 2030）于 2006 年经国务院批准正式启动。

《全国湿地保护工程规划》明确了规划年限内中国湿地保护工作的指导原则、任务目标、建设布局和重点工程，对指导开展中长期湿地保护工作具有重要意义。总体目标是通过湿地及其生物多样性的保护与管理，湿地自然保护区建设、污染控制等措施，全面维护湿地生态系统的生态特性和基本功能，使中国天然湿地的下降趋势得到遏制。通过加强对水资源的合理调配和管理、对退化湿地的全面恢复和治理，使丧失的湿地面积得到较大恢复，使湿地生态系统进入一种良性状态。同时，通过湿地资源可持续利用示范以及加强湿地资源监测、宣教培训、科学研究、管理体系等方面的能力建设，全面提高中国湿地保护、管理和合理利用水平，从而使中国的湿地保护和合理利用进入良性循环，保持和最大限度地发挥湿地生态系统的各种功能和效益，实现湿地资源的可持续利用。

《全国湿地保护工程规划》将全国湿地保护按地域划分为东北湿地区、黄河中下游湿地区、长江中下游湿地区、滨海湿地区、东南华南湿地区、云贵高原湿地区、西北干旱湿地区以及青藏高寒湿地区，共计 8 个湿地保护类型区域。根据因地制宜、分区施策的原则，充分考虑各区主要特点和湿地保护面临的主要问题，在总体布局的基础上，对不同的湿地区设置了不同的建设重点。同时，依据生态效益优先、保护与利用结合、全面规划、因地制宜等建设原则，《全国湿地保护工程规划》安排了湿地保护、湿地恢复、可持续利用示范、社区建设和能力建设等 5 个方面的重点建设工程。

按照《全国湿地保护工程规划》，到 2030 年，要使全国湿地保护区达到 713 个，国际重要湿地达到 80 个，使 90% 以上天然湿地得到有效保护；完成湿地恢复工程 140.4 万公顷，在全国范围内建成 53 个国家湿地保护与合理利用示范区；建立比较完善的湿地保护、管理与合理利用的法律、政策和监测科研体系；形成较为完整的湿地区保护、管理、建设体系，使中国成为湿地保护和管理的先进国家。

《湿地保护修复制度方案》

《湿地保护修复制度方案》（下文简称《方案》）是中国国务院办公厅（国办发〔2016〕89 号）于 2016 年 11 月 30 日印发的旨在全面保护湿地、维护湿地生态功能和作用的可持续性的制度设计与详细部署。

湿地是中国可持续发展的重要物质基础和环境资源。自 20 世纪 50 年代以来，中国湿地保护与利用的矛盾日益凸显，2003 ～ 2013 年，全国湿地面积减少 339.63 万公顷，减少率为 8.82%。国家层面以湿地生态系统保护为目的的法律法规仍然缺失，各项湿地保护和管理措施还有待加强。《方案》的出台旨在应对中国湿地持续退化问题，形成湿地利用和保护的平衡，弥补国家湿地立法的不足。

《方案》一共包括实行湿地面积总量管控、完善湿地分级管理体系、实行湿地保护目标责任制、健全湿地用途监管机制、建立退化湿地修复制度、健全湿地监测评价体系和完善湿地保护修复保障机制七个举措。

《方案》的创新点：①明确提出"全面保护湿地"，在保护湿地理念上有了新发展。②明确规定转化湿地用途需遵守"先补后占、占补平衡"的原则，要求恢复或重建的湿地与被占用的湿地面积和质量相当，体现了国家对湿地质量的重视。③明确湿地修复的主体，为推动湿地修复工程提供前提。④首次提出全国湿地资源调查周期为 10 年，并且明确了湿地监测评价的任务由省级以下林业主管部门会同相关部门执行，为湿地有效管理提供数据支撑。

根据《方案》的任务部署，湿地保护与管理部门以总量控制湿地面积、提升湿地功能为目标，围绕明确分类分级管理湿地，完善湿地用途监管、修复和监测等制度，创建多部门协调的工作机制展开工作。

《中华人民共和国湿地保护法》

《中华人民共和国湿地保护法》是中国首部专门针对湿地保护的法律。2021 年 12 月 24 日中华人民共和国第十三届全国人民代表大会常务委员会第三十二次会议通过，2022 年 6 月 1 日起施行。

◆ 主要内容

《中华人民共和国湿地保护法》分为总则、湿地资源管理、湿地保护与利用、湿地修复、监督检查、法律责任和附则 7 章，共 65 条。第一章总则，共 11 条，主要对立法目的、适用范围、基本原则、政府责任、管理体制与协作机制、地方政府协调机制、宣传教育与舆论监督、参与保护与表彰奖励、科学研究与人才培养、国际交流、公民权利义务等方面做了规定。第二章湿地资源管理，共 11 条，主要对调查评价、总量管控、分级管理和名录制度、规划编制与调整、湿地标准、专家咨询机制、确权登记、湿地占用征求意见制度、临时占用审批、占用恢复 / 重建及补偿、监测与预警等方面做了规定。第三章湿地保护与利用，共 14 条，主要对保护与利用要求、保护形式、合理利用、产业布局与绿色发展、禁止行为、有害生物监测、物种及其栖息地保护、河流湖泊湿地保护、滨海湿地保护、城市湿地保护、红树林湿地保护、泥炭沼泽湿地保护、湿地生态补偿等方面做了规定。第四章湿地修复，共 8 条，主要对修复原则、湿地生态用水、湿地修复措施、红树林湿地修复、泥炭沼泽湿地修复、修复方案编制及审批、修复程序、修复责任等方面做了规定。第五章监督检查，共 6 条，主要对湿地监督管理职责、监督检查分级职责、监督检查措施、有关单位和个人的配合义务、目标责任制和约谈制度和离任审计等方面做了规定。第六章法律责任，共 12 条，分别就违法行为、处罚种类和处罚幅度等内容做了规定。第七章附则，共 3 条，主要对红树林湿地和泥炭沼泽湿地的概念、制定地方具体办法、生效日期等方面做了规定。

◆ **主要特点**

制定《中华人民共和国湿地保护法》，是以坚持和完善生态文明制度体系，促进人与自然和谐共生为出发点，以问题为导向的，其与已有的自然资源法相比较，有以下突出特点：①突出了湿地生态系统的保护。与中国现有的森林法、草原法等单一自然资源法相比较，更加注重生态系统的保护和修复，制度设计更多地从湿地生态系统整体性保护出发。如在立法目的中，明确了维护湿地生态功能及生物多样性，保障生态安全。②湿地的定义更加科学。湿地定义尊重其科学性，体现了湿地的多重自然属性，既可以满足湿地管理的需要，也兼顾了国际履约的需要。③制度设计系统全面。如设置了部门协作机制、总量控制制度、调查评价制度、修复制度、约谈制度等，形成了湿地生态系统保护和修复制度的统一有机整体，有利于实现湿地保护高质量发展。④加重了处罚力度，也更加注重湿地的生态价值。在设置处罚标准时，不仅充分考量了湿地资源的实物价值，也更加注重湿地的生态价值，处罚标准更加严厉。如擅自占用国家重要湿地、严重破坏自然湿地等违法行为的罚款数额，处每平方米一千元以上一万元以下罚款。

◆ **重要意义**

制定《中华人民共和国湿地保护法》，是贯彻党中央决策部署、践行生态文明思想的又一重要立法成果。这部法律以生态文明思想为指导，确立了保护优先、严格管理、系统治理、科学修复、合理利用的基本原则，从维护湿地生态系统整体性出发，加强了湿地资源管理和湿地保护规划，完善了湿地保护修复各项制度措施，健全了财政投入等保护支持机制，为进一步加强湿地保护修复工作，提升湿地生态功能，促进生态文明建设提供了法律遵循。

湿地"零净损失"

湿地"零净损失"指如果需要把湿地中的水排干或填充湿地，造成的湿地损失必须恢复,其方法是创造一块新的湿地或者扩充已有湿地的面积来抵消损失。

湿地"零净损失"最初的目标提出以及法律制度的建立来源于美国。在较高的湿地损失引起美国社会各界的高度重视时,尤其是当湿地的生态功能被大家普遍认识的时候,1987年,美国举办国家湿地政策论坛,讨论保护湿地的议题。讨论结果表明,联邦湿地"零净损失"是一个合理的政策目标。

湿地"零净损失"目标的出台是由环境、农业、商业、研究机构、政府部门等各领域领导者共同参与讨论的结果。这一目标的含义被解释为:任何地方的湿地都应该尽可能地受到保护,转换成其他用途的湿地数量必须通过开发或恢复的方式加以补偿,从而保持甚至增加湿地资源基数。其不仅包括湿地面积的"零净损失",同时还包括湿地生态功能的"零净损失"。

湿地"零净损失"由一系列内容构成:①确立全国湿地保护面积。②对湿地的重要程度进行划分。③如果开发湿地,则必须对开发湿地可能造成的生态环境影响进行评估,经过评估之后的湿地开发必须实现补偿,在异地创造出不小于开发湿地面积的新湿地。要实现湿地"零净损失"这一目标,需要实施细化管理、分类保护来实现湿地面积以及湿地生态环境质量的保护。着眼于未来,需要从时间维度和类别维度加以确定面积总量,更好地实现湿地生态环境保护的功能。

湿地"零净损失"制度是美国自然资源管理的一次创新,它在主张谁破坏、谁补偿的资源管理原则的同时,又赋予湿地开发方一定的自由选择权,通过湿地开发方与相关机构之间的相互作用、影响来达到控制湿地总量不减少的目的。自此以后,湿地"零净损失"成为美国湿地管理的重要政策目标,并且这一制度已经得到普遍认可,相继被德国、加拿大、澳大利亚、中国等国所采纳。

湿地补偿

湿地补偿是为保护与合理利用湿地资源而使用的经济手段和利益协调机制的总称,又称湿地生态补偿。

◆ 目的

湿地既是自然生态系统,也是自然资源系统。湿地资源利用具有外部性和公共物品的属性,因此湿地利用与保护中经常出现冲突和矛盾。建立湿地补偿制度的目的在于通过经济手段,消除湿地保护与利用中的经济外部性,遏制湿地资源锐减趋势;协调湿地保护与利用关系,促成保护成本与利用收益的对等;促进湿地生态系统及其社会经济系统可持续发展。

◆ 简史

国际湿地补偿制度的发展

早在20世纪初国际上已有关于生态补偿的案例。1972年,美国通过了《联邦水污染控制法修正案》,最早为保护湿地等水域立法。1977年正式颁布《清洁水法》,建立了针对湿地开发利用的许可证制度。1983年,美国鱼类和野生动物局设立了第一家湿地补偿银行。1990年,老布什政府在国会预算案中提出"零净损失"的目标,进一步推动了湿地保护行动。

中国湿地补偿制度的发展

自 1992 年联合国环境与发展大会开始，生态补偿日渐受到中国政府的重视。《中华人民共和国国民经济和社会发展第十一个五年规划纲要》提出要加快建立生态补偿机制，《中华人民共和国国民经济和社会发展第十二个五年规划纲要》进一步提出设立国家生态补偿专项资金，积极探索市场化生态补偿机制，加快制定实施生态补偿条例。2010 年由国家发展和改革委员会牵头组织起草《生态补偿条例》将湿地纳入生态补偿范围。2013 年国家林业局发布《湿地保护管理规定》，规定国家建立湿地生态效益补偿制度，对湿地实行保护和管理。2015 年中共中央和国务院印发《生态文明体制改革总体方案》，提出要确定各类湿地功能，规范保护利用行为，建立湿地生态修复机制。2016 年 5 月国务院办公厅发布《关于健全生态保护补偿机制的意见》，提出到 2020 年对湿地等七个重点领域实现生态补偿全覆盖。2016 年 11 月国务院办公厅发布《湿地保护修复制度方案》，强调探索建立湿地生态效益补偿制度，率先在国家级湿地自然保护区和国家重要湿地开展补偿试点。

◆ **主体和客体**

针对资源开发和生态破坏导致的负外部性问题，一般按照"谁开发谁保护、谁利用谁补偿、谁破坏谁恢复"的原则确定补偿的主体，按照"谁受损补偿谁"的原则确定补偿客体。

主体

湿地补偿主体是湿地生态效益补偿工作的主导者。湿地生态效益具有很强的外部性，因此湿地保护行政主管部门和各级政府应该是湿地生态补偿的重要主体。此外还有对环境服务付费的市场主体，包括生态受益主体（湿地公园周边人群等）、生态破坏主体（旅游公司和团体、开发企业和个人等）和生态责任承担者（非政府组织等）三类。

客体

湿地生态效益补偿客体由补偿金征收对象和补偿金发放对象组成。补偿金征收对象是指在开发利用湿地资源中对湿地生态效益造成破坏的单位和个人；而补偿金发放对象是指在湿地生态保护中做出贡献和牺牲的政府、企业和个人。

◆ **形式**

湿地补偿形式分为直接补偿和间接补偿。直接补偿是由政府和有关部门直接支付给资源权利人因湿地保护而应该得到的补偿，包括：①货币补偿，如补偿金、补贴、财政转移支付等。②实物补偿，给予受偿主体一定的物质产品。间接补偿是为了弥补在环境治理中受损者的其他损失（如剩余劳动力增加，引起失业等），包括：①智力补偿，即向受偿主体提供智力服务，如生产技术咨询，输送各级各类人才等。②政策性补偿，各级地方政府给予其管辖范围内的社会成员某些优惠政策，使受偿者在政策范围内享受优惠待遇。③项目补偿，是指补偿者通过在受偿者所在地区从事一定工程项目的开发或建设等方式进行补偿。④市场机制补偿，如排污权交易、生态认证和生态标识等。

◆ **标准**

湿地生态效益补偿标准是生态效益补偿的核心，关系到补偿的效果和补偿者的承受能力。理论上补偿责任主体愿意支付的费用应低于其获得的福利，补偿对象愿意接受的补偿应高于其成本。因此，湿地补偿标准通常采用两种方法进行核算：按湿地生态系统服务价值计算；按照湿地保护、恢复和创建者的直接投入和机会成本计算。两种方法得到的结果可以分别作为补偿标准的上限和下限。

中国湿地机构

中国湿地机构指中国与湿地有关的机构。

中国自 1992 年加入《湿地公约》后，湿地保护受到高度重视。在湿地保护与管理的过程中，结合中国行政管理的特点和湿地生态系统自身属性，湿地管理体系和机制逐渐完善。中国的湿地机构包括政府管理机构、非政府组织和团体，以及学术研究机构。

◆　政府管理机构

政府管理机构包括国务院相关部委及其直属、地方行政机关等。国家林业和草原局设有湿地保护管理中心（中华人民共和国国际湿地公约履约办公室），负责组织、协调全国湿地保护和有关国际公约的履约工作。与湿地的保护利用管理相关的主要部门还有农业农村部、水利部、生态环境部、自然资源部等。地方各级人民政府具有管理本行政区域内湿地保护与合理利用的职责，设有与中央政府相应的管理机构。

◆　非政府组织和团体

湿地相关的非政府组织和团体分为国际性非政府组织和中国非政府

组织。①国际性非政府组织。包括湿地国际、世界自然基金会、国际鹤类基金会等,其中湿地国际、世界自然基金会均设有中国项目办事处。②中国与湿地保护相关的非政府组织。主要有中国植物学会、中国动物学会、中国生态学学会、中国林学会、中国海洋学会、中国环境科学学会、中国地理学会、中国海洋湖沼学会、中国水利学会、中国野生动物保护协会、中国动物园协会、中国风景名胜区协会、中国公园协会等。

◆ 学术研究机构

中国湿地相关的学术研究机构有中国科学院东北地理与农业生态研究所、南京地理与湖泊研究所等;教育部东北师范大学、南京大学、复旦大学、厦门大学、中山大学等院校滨海湿地、沼泽湿地或红树林等研究领域的湿地研究室、教研室;国家林业和草原局设有湿地资源监测中心、国家高原湿地研究中心、中国林业科学研究院湿地研究所等;另外,北京、云南、黑龙江、广西等省(自治区、直辖市)均设有湿地研究中心。

中华人民共和国国际湿地公约履约办公室

中华人民共和国国际湿地公约履约办公室是承担组织、协调全国湿地保护和有关国际公约履约具体工作的机构。隶属于国家林业和草原局,又称国家林业和草原局湿地保护管理中心。

中国于 1992 年加入《湿地公约》。为全面提高中国履行《湿地公约》的能力,承担相应国际义务与责任,进一步促进并强化全国湿地保护管理工作,2007 年 4 月 3 日成立了中华人民共和国国际湿地公约履约办公室,其具体工作由国家林业和草原局湿地保护管理中心承担。主要职责是：①组织起草湿地保护的法律法规；②研究拟定湿地保护有关的技术标准和规范；③拟定全国性、区域性湿地保护规划，并组织实施；④组织全国湿地资源调查、动态监测和统计；⑤组织实施建立湿地保护小区、湿地公园等保护管理工作；⑥对外代表中华人民共和国开展国际湿地公约的履约工作；⑦开展有关湿地保护的国际合作。

中华人民共和国国际湿地公约履约办公室自成立以来，致力于中国湿地保护事业的推广，组织起草多项国家湿地保护规划与法规，编译出版《湿地保护管理手册》等。

中国林业科学研究院湿地研究所

中国林业科学研究院湿地研究所是中国专门从事湿地研究的事业单位。

中国林业科学研究院湿地研究所成立于 2009 年，隶属于中国林业科学研究院。研究所定位于开展湿地科学基础理论与应用技术研究，引领中国湿地科学研究的发展方向；为中国湿地保护与管理提供决策依据和科学指导；培养高层次湿地人才。中国林业科学研究院湿地研究所下设湿地景观设计研究室、湿地恢复研究室、湿地生态过程与环境效应研究室、湿地规划与管理研究室、生物多样性研究室、中国湿地生态系统定位研究网络中心。研究领域涉及湿地生态特征、功能机理与评价、典型湿地生态系统物质平衡与时空动态变化及其机制、全球变化和人类活动影响下湿地的演替与响应、湿地生物地球化学过程、湿地保护与退化湿地恢复、湿地生物多样性保护、湿地景观设计与规划管理等。

中国林业科学研究院湿地研究所主持并完成了"中国滨海湿地演变及恢复技术研究""中国滨海湿地生态系统服务功能与评估技术研究""湿地生态系统保护与恢复技术试验示范""北京市湿地生态系统保护与恢复关键技术研究和示范",以及"红树林湿地恢复与变化的动态监测技术"等项目。制定多项湿地公园、湿地生态系统定位观测相关的技术规范和标准。

湿地公园

湿地公园是以湿地景观为主体的具有一定规模和范围的生态型公园。

湿地公园以湿地生态系统保护为核心,兼顾湿地生态系统服务功能展示、科普宣教和湿地合理利用示范,蕴含一定文化或美学价值,可供公众进行科学研究和生态旅游。在中国,湿地公园分为国家级湿地公园和地方级湿地公园。其中,国家级湿地公园又可分为国家湿地公园和国家城市湿地公园。国家湿地公园由国家林业和草原局负责审批,国家城市湿地公园由住房和城乡建设部负责审批。

长春北湖国家湿地公园

长春北湖国家湿地公园又称长东北城市生态湿地公园,位于吉林省长春市城区东北部、伊通河畔,距离长春市中心人民广场直线距离12千米。总面积11.82平方千米。2012年7月28日正式开园,2014年5

月 29 日被批准为国家 AAAA 级旅游景区。园内设有北城艺风、柳堤·枫岛·桦塘、花影浮碧、水上邻里、湖漾春晓、北湖天地、长岛碧波、民族家园、芦荡飞雪、涓流云影十大景区。

公园坐落在伊通河的河漫滩和一级阶地上。河漫滩由亚砂土和下伏砂砾石组成，沿河床呈条带状分布，宽度不超过 1 千米。一级阶地由亚黏土和砂砾石组成，向西微倾。园内地势低平，微地貌复杂，平地和洼地相间分布。园内水系主要有伊通河、湖泊及输水河等。伊通河是饮马河的支流，全长 342.5 千米，流域面积 8440 平方千米，流经公园的河段长度为 5.76 千米。园内湖泊密布，最大的两个湖泊的面积之和达52.7 公顷。输水河为公园东部的太平沟（宁溪）、常家店沟（澄溪）、腰黄家沟（明溪）和兴隆泉沟（静溪），是地表水进入公园的主要通道。属温带大陆性季风气候，年平均气温 4.3 ～ 4.8℃，平均年降水量 565毫米；降水集中在 6 ～ 9 月，多年无霜期为 140 ～ 150 天。园内土壤以黑土、草甸土和沼泽土为主。园内湿地面积 3.77 平方千米，占公园总面积的 32%。伊通河两岸泡塘密布、数量众多，园内湿地的形成主要受伊通河的冲积、洪积作用影响。园内湿地具有较为典型的东北平原城市湿地特征，湿地分为天然湿地与人工湿

长春北湖国家湿地公园

地。其中，天然湿地有永久性河流、永久性淡水湖、草本沼泽湿地3种类型；人工湿地有1种类型，即输水河。园内野生植物有2门57科268种。其中，野大豆为国家Ⅱ级重点保护野生植物。园内野生动物资源丰富，国家Ⅱ级重点保护野生动物有12种（皆为隼形目和鸮形目猛禽），包括红隼、白腹鹞等。

重庆彩云湖国家湿地公园

重庆彩云湖国家湿地公园位于重庆市九龙坡区和高新区交界处，地处城市中心，是名副其实的"城市之肾"。是源自重庆市主城区的最大溪流桃花溪的活水源头，总面积0.83平方千米。以自然山水、植被景观为主，兼具湿地生态游览观光与休闲，集人工湿地污水净化、科普教育、游览、休憩、健身等功能于一体。

彩云湖湿地公园用地南北宽约620米，东西长约1285米；公园海拔251～309米。公园四周高，四面被城市包围，是城市规划建设过程中留下的城市洼地，从四周可俯视公园全貌，具有典型的谷底公园的地形特征。公园内的山顶、山坡以紫色土壤为主，土层薄，肥力差，位于溪流两侧的梯田土壤肥沃、土层深厚。

湿地公园规划为4个相对独立又互相衔接的功能区：①生态景观区。主要利用现有桃花河水系形成人工湖体。②九龙坝文化休闲景观区。提供旅游、娱乐休闲配套服务。③运动休闲区。设置足球场、网球场、游泳池等。④滨水景观区。围绕桃花溪水体营造都市中难得的湿地景观。

重庆涪江国家湿地公园

重庆涪江国家湿地公园位于重庆市潼南区涪江流域，2013 年底建成。以涪江河流湿地为主要保护对象，规划总面积 1011.81 公顷，湿地面积 728.54 公顷。湿地公园以涪江、三块石运河、库塘、稻田、自然河流等自然与人工复合湿地系统为主体，以城市湿地资源群为景观特色，以保护和修复潼南城市湿地资源为重点，充分融入当地佛教文化和红色革命文化，是集湿地保护与修复、海绵城市建设与人居环境优化、湿地科普宣教和湿地生态体验为一体的国家湿地公园。

重庆小安溪湿地公园

重庆小安溪湿地公园位于重庆市合川区西南部，南办处梳铺村—铜溪镇纱帽村小安溪流域沿线，规划总面积 21.43 千米，其中湿地面积 6 千米，是重庆市级湿地公园。在合川区境内，左四右三的 7 条支流形成的 7 个卫星湖紧系在弯曲的小安溪干流上，俯视像一条巨大的"中国龙"，更有"七星依龙"的奇景呈现于园区，再加上嘉陵江、渠江、涪江的"三江交汇"，小安溪园区拥有了绝伦的自然美景和打造建设湿地公园的天然绝佳条件。因小安溪两侧七条支沟在排列位置上状似北斗七星，故取名北斗·七星湖，各个湖对应七星命名为天璇湖、天玑湖、摇光湖、天枢湖、天权湖、玉衡湖、开阳湖。位于小安溪东侧的天璇湖、天玑湖，毗邻合川老城区，被规划为生态休闲区和科普教育区；位于小安溪下游的天枢湖，是七星湖中面积最大、区位最核心的一个，在这里规划大型主题游乐园；湖群中部的天权湖、玉衡湖则承担历史文化区和现代景观湿地区的功能；湖群最南端的摇光湖、开阳湖主要规划建设原生态的高品质居住区。人文景观有龙游寺、夜雨寺等。

构溪河国家湿地公园

构溪河国家湿地公园位于四川省阆中市东部，由纵贯保护区的构溪河干流及其集水面积的大部分区域（包括已经建成的石滩水库）组成。总面积 3014.99 公顷。1999 年建立湿地自然保护区。2015 年被列为国家级湿地公园。景观资源丰富独特，具备较高的湿地景观价值和美学价值，被誉为"小三峡"。湿地公园有维管植物 98 科 252 属 346 种，由水生、湿生和沿岸山地诸多旱中生植物构成。常见的湿地植物有垂柳、斑茅、菖蒲、香蒲、莲等。河岸植被区栽培有水杉、香樟、杜仲、银杏、柳树、枫杨等树种。动物种类繁多，有赤狐、野猪、椰子猫、果子狸等兽类 7 目 18 科 43 种，爬行动物 3 目 8 科 16 种，龟、鳖、大鲵、水獭等两栖类 2 目 3 科 9 种，鱼类 4 目 10 科 52 种，鸟类有 16 目 46 科 167 种。构溪河沿岸有千佛岩、摩崖石窟、

构溪河上的水鸟

三叉河白鹭栖息地，公园内有金城寺、凉水乡古戏楼、妙高镇三步两栋桥、河溪镇古街道及金银台"孤岛"等名胜。

杭州西溪国家湿地公园

杭州西溪国家湿地公园位于浙江省杭州市西部，是以城市次生基塘湿地生态系统为景观特色，集城市湿地、农耕湿地、文化湿地于一体的湿地公园。

西溪，古称河渚。历史上的西溪占地约 60 平方千米，现实施保护的西溪湿地总面积约 11.5 平方千米，分为东部湿地生态保护培育区、中部湿地生态旅游休闲区和西部湿地生态景观封育区。西溪湿地内河道总长 100 多千米，约 70% 的面积是溪港、湖塘、井泉等水体，水体库容量约 500 万立方米，水网密度 25 千米/千米^2。正所谓"一曲溪流一曲烟"，整个园区六条河流纵横交汇，水道如巷、河汊如网、鱼塘栉比如鳞、诸岛棋布，形成了西溪独特的湿地景致。2005 年杭州西溪国家湿地公园被批准为中国首个国家湿地公园。2009 年被列入《国际重要湿地名录》。2012 年被评为国家 AAAAA 级旅游景区。

西溪湿地是第四纪全新世地质作用的产物，经过从海浸到海退、湖泊、沼泽地的漫长演化过程，最终成为原始湿地，后经 1000 多年的自然演化和人为干预，经历汉晋发现、唐宋发展、明清全盛、民国衰落、21 世纪复兴等阶段，从原始湿地逐渐演变为城市次生湿地。

杭州西溪国家湿地公园动植物资源丰富。有维管束植物 644 种，其中国家重点保护植物 4 种，分别是国家Ⅱ级保护植物野荞麦、樟、野大豆和野菱。鸟类 167 种，兽类 15 种，两栖类 10 种，爬行类 12 种，水生无脊椎动物 150 种，昆虫 862 种。有国家Ⅰ级重点保护动物 1 种，即鹰科的白尾海雕；国家Ⅱ级重点保护动物16种，包括昆虫纲步甲科的拉步甲、硕步甲，鸟纲隼形目鹰科的凤头蜂鹰、凤头鹰、赤腹鹰、松雀鹰、雀鹰、苍鹰和普通鵟，隼科的红隼、燕隼和游隼，鹃形目杜鹃科的褐翅鸦鹃和小鸦鹃，鸮形目鸱鸮科的领角鸮和斑头鸺鹠。

为加强生态保护，在湿地内设置了费家搪、虾龙滩、朝天暮漾、包家埭和合建港五大生态保护区和生态恢复区。并设湿地博物馆、湿地博物园、湿地科普展示馆、环保体验中心、观鸟区及观鸟亭等。主要景点有三堤十景。三堤即福堤、绿堤和寿堤三条景观大道，两岸纵横交错的水域和生长百年的树木，形成生态美景。十景即秋芦飞雪、火柿映波、龙舟胜会、莲滩鹭影、洪园余韵、蒹葭泛月、渔村烟雨、曲水寻梅、高庄宸迹、河渚听曲。主要节事活动有西溪花朝节、龙舟胜会、西溪火柿节、西溪听芦节和西溪探梅节等。

湖南常德西洞庭湖国家城市湿地公园

湖南常德西洞庭湖国家城市湿地公园位于湖南省汉寿县东部。面积356.8平方千米。1998年建立了省级自然保护区。2002年被列入《国际重要湿地名录》。2005年被命名为西洞庭湖国家城市湿地公园。是中国淡水湿地生物多样性最丰富的区域之一，也是中国东亚候鸟的重要越冬地和长江流域淡水鱼类种质资源库。西洞庭湖湿地由沅江、澧水汇聚而成，有"水浸皆湖，水落为洲"的沼泽地貌特征，衔远山，吞长江，碧波万顷，浩无涯际。区域港汊迂回，洲滩突兀，湖外有湖，湖中有岛，渔帆点点，芦叶青青，鱼跃水底，鸥鹭翔飞。共有 140 个湖洲、湖岛。土地肥沃，气候温暖湿润，四季分明。有维管植物 87 科 259 属 414 种，鸟类 15 目 50 科 217 种，鱼类 9 目 20 科 111 种。其中，国家 I 级重点保护动物有中华鲟、白鹤、白头鹤、白尾海雕、黑鹳、中华秋沙鸭等 10 多种。湖面宽广，水草繁茂，是世界上最大的苇荻群落之一；盛产鲤、鲢、鳜、鲭、鳊、鲫、银鱼、草鱼和龟、鳖等。湖洲上野生的绿色食品——野芹菜、野藜蒿、芦笋和蓼米被誉为洞庭四珍。

湖南酒埠江国家湿地公园

湖南酒埠江国家湿地公园位于湖南省株洲市攸县东北部酒埠江镇、黄丰桥镇和峦山镇境内。地理坐标为东经 113°33′～113°40′，北纬 27°9′～27°15′。包括水库保护区、环库缓冲区、湿地与森林游憩区、水源入口净化区和管理服务区 5 个功能区。面积 118.98 平方千米。为国家地质公园、国家森林公园、国家级水利风景区、国家湿地公园、国家 AAAA 级风景名胜区。2005 年被批准建立，2008 年正式开园。

酒埠江风景区以喀斯特峰丛地貌、喀斯特洞、地下河系统为主，为重要的科研、教学和科普基地，其中酒埠江地质博物馆为世界一流、湖南省第一的地质博物馆。属中亚热带季风湿润气候，四季分明，水热充足，无霜期长，适宜植物生长。园区内共有维管束植物 43 科 99 属 116 种，包括国家 I 级重点保护植物南方红豆杉、银杏等；拥有脊椎动物 5 纲 29 目 62 科 157 种，包括 10 种国家 II 级重点保护野生动物。园区内拥有 80 多处主要地质遗迹景观，有酒仙湖、地质博物馆、白龙洞、仙人桥、宝宁寺、仙境乐园、天蓬岩景区、九叠泉瀑布、梯田风光、桃花谷景区、红军兵工厂、陈毅元帅被捕纪念树、红军医院等景点。

湖南雪峰湖国家湿地公园

湖南雪峰湖国家湿地公园位于湖南省安化县中西部，雪峰山与洞庭湖区的过渡地带。地理坐标为东经 110°57′ ～ 111°21′，北纬 28°08′ ～ 28°23′。于 2009 年建立。分布有河流湿地、沼泽湿地和人工湿地。主要包括雪峰湖、资江干流安化东坪—珠溪口段及周边区域，分雪峰湖湿地保护保育区、资江（东坪－珠溪口）河流湿地保护保育区、湖滨生态缓冲保护区、山溪入库口湿地保护保育区、湿地宣教展示区和综合管理服务区 6 个功能区。东西长 40 千米，南北宽 30 千米，面积 94.5 平方千米。

园区属亚热带湿润季风气候，气候温暖、四季分明，水热同季、暖湿多雨，严寒期短、暑热期长，热量充足、雨水集中；多年平均气温 16.2℃，历年最高气温为 42℃，最低气温 -11℃；年降水量 986 ～ 2440 毫米，年内及年际间降水分布不均匀，主要集中在 3 ～ 7 月，以 5 月最多。湖南雪峰湖国家湿地公园及其周边区域共记载了维管束植物 1419 种，其中有 10 种国家重点保护植物（国家 I 级重点保护植物 2 种，国家 II 级重点保护植物 8 种），有 22 种被列入国际公约保护植物名录的兰科植物。公园内发现野生脊椎动物共计 281 种。湿地公园以自然的河流及气势磅礴的雪峰湖为主体景观，辅以绿荫遍野的湿地－森林复合生态系统景观，形成了融多种风格为一体的滨水风光带。

吉林农安太平池国家湿地公园

吉林农安太平池国家湿地公园位于吉林省长春市西北农安县西南的龙王乡、三岗镇、烧锅镇和公主岭市怀德镇的交界处，北起龙王乡翁克村，东南以烧锅镇为界，向西与三岗镇接壤，西南与公主岭市怀德镇相邻。最大长度9.2千米，最大宽度8.5千米，总面积42.75平方千米。2015年申报为国家湿地公园。

太平池国家湿地公园包括太平池水库、龙王乡翁克村及太平村的部分区域。太平池水库位于农安县西南部，始建于1942年，是一座集蓄水、防洪、灌溉和养殖功能为一体的大型水库，库容5700万立方米，蓄水面积34.3平方千米；水库控制翁克河流域面积913平方千米，导引新凯河流域面积为793.9平方千米。公园内生物多样性丰富。共有野生植物49科126属191种，湿地植物种类繁多、品质优良，草本植被盖度在70%左右。动物组成以水生鱼类及湿地动物为主，分布有野生脊椎动物5纲24目52科198种。

玛纳斯国家湿地公园

玛纳斯国家湿地公园位于新疆维吾尔自治区昌吉回族自治州人民政府玛纳斯县北部。由年径流总量15亿立方米的玛纳斯河与塔西河连接的9座中小型水库所形成。规划占地面积85平方千米，实际保护面积达111平方千米，其中核心区面积达47平方千米，是乌鲁木齐市周边的唯一一处绿洲湿地公园，是新疆维吾尔自治区第二大湿地公园。2011年被批准为国家湿地公园建设试点，2016年8月通过国家验收，被确定为国家级湿地公园。2014年被批准为自治区级风景名胜区，同年被列为自治区首批环境教育示范基地。

园区属温带干旱气候，年平均气温6℃，年降水量100～150毫米。有库塘、河流、滩涂和沼泽等多种湿地类型。沙生植物与湿地植物交错分布，有维管植物200余种（荒漠植物140种、湿生水生植物40种），占新疆湿地植物总数的45.3%。其中，有甘草、罗布麻、伊贝母等药用植物106种。有野生动物331种，其中属国家Ⅰ级重点保护野生动物的有金雕、黑鹳、白尾海雕等7种，属国家Ⅱ级重点保护野生动物的有灰鹤、蓑羽鹤、大天鹅等40种。是世界候鸟迁徙3号线的重要节点，是重要的候鸟栖息地。

玛纳斯国家湿地公园是天山山脉北坡中段和古尔班通古特沙漠边缘的绿洲湿地，具有区位独特性、生物多样性和生态系统性，在防止北疆地区荒漠化扩大、构筑区域生态屏障、改善区域生态环境、促进生态休闲旅游等方面发挥着重要作用。

鸣翠湖国家湿地公园

鸣翠湖国家湿地公园位于宁夏回族自治区银川市区东部9千米处，东临惠农渠，距黄河3千米，西距汉延渠1千米。鸣翠湖又称鲁家湖，曾名鸟嘴湖、老祖湖，属宁夏七十二连湖之一。湖面长3千米，平均宽0.55千米，最宽1千米，平均水深1米，湖水矿化度1.8克/升。鸣翠湖国家湿地公园 2005 年被列为自治区湿地公园，2006 年被列为国家湿地公园。地貌为黄河冲积平原湖滩，是银川市东部面积最大的自然湿地保护区，黄河古道东移鄂尔多斯台地西缘的历史遗存，明代长湖的腹地。属温带干旱气候，年降水量 180～300 毫米，年平均气温 8～9℃。湿地景观完整，景色优美，

鸣翠湖国家湿地公园的荷花

生物多样性丰富，是中国西部地区鸟类迁徙的中转站之一。有自然植物 109 种，鸟类 97 种，其中被列入《国家重点保护野生动物名录》的 I 级保护动物有黑鹳、中华秋沙鸭、白尾海雕和大鸨，属 II 级保护动物的有大天鹅、小天鹅、鸳鸯和鸢等。

南河国家湿地公园

南河国家湿地公园地处四川省广元市利州区东城片区南河河畔，东西长约 1.9 千米，南北宽近 1.4 千米，总面积 1.11 平方千米。公园内有河流、湖泊、梯田湿地等多种类型的湿地 0.68 平方千米，占公园总面积的 61.26%。2007 年建成并对外开放。2009 年被列为国家湿地公园试点。2012 年被列为成都理工大学本科生教学实习基地和研究生工作站。2013 年被列为国家湿地公园，为四川省第一家国家湿地公园。公园有

南河、万源河两大自然水系，有北湖、中湖、南湖、对望湖4个人工湖泊，有1.3万平方米的退耕梯田，有登山广场、南山观景台等3处蓄水库塘。长江一级支流嘉陵江从公园西侧擦肩而过，有7条连接河流、湖泊、库塘、梯田的生态小溪。公园以湿地植被为主，以南山山体背景为衬托，山、水、城、森林相映成趣，是许多珍禽水鸟和鱼类的栖息地。

嫩江湾国家湿地公园

嫩江湾国家湿地公园又称大安国家森林公园，位于吉林省大安市城区北侧嫩江河畔，公园包括嫩江水体、北湖、沼泽、林地等。始建于1992年，1993年被确定为国家森林公园。2009年被确定为国家湿地公园试点，2013年被正式获称"大安嫩江湾国家湿地公园"。2014年被评为国家AAAA级景区。

公园内植被茂盛，水草丰美，万鸟栖息。有野生植物35科124种。其中，挺水植物主要有芦苇、蒲草、菰、席草等，浮水植物有野菱、莲等，沉水植物有金鱼藻、眼子菜、苦草等；恢复保护了香蒲、芦苇、大叶章等独特湿地植被种群。有野生动物56种。其中，鸟类30种，以湿地水鸟居多，占吉林省湿地水鸟总数的50%以上；有国家一级保护野生动物东方白鹳、丹顶鹤、白鹤、白头鹤4种，还有苍鹭、鸬鹚、鸳鸯、灰鹤等鸟类。园内水系相连、水网相通，是水生动物的天堂，栖息着47种鱼。在此可以体验嫩江畔水域风光、开展沙滩娱乐、观赏湿地植物和鸟类、度假旅游。长白铁路与通让铁路交会于此。

牛心套保国家湿地公园

牛心套保国家湿地公园位于吉林省大安市西部，面积约 66.7 平方千米，其中芦苇面积 33.0 平方千米以上。有蒙古兔、黄鼬、赤狐、狼、貂、獾等兽类 4 目 8 科 12 种，有丹顶鹤、蓑衣鹤、大鸨、野鸭等鸟类40 多种。2012 年被批准为国家湿地公园。建有湿地恢复和合理利用研究示范基地。附近有姜家甸草原。在保护和合理利用湿地、草原的基础上，开展湿地观光、观鸟、休闲度假等旅游活动。发展湿地渔业，与当地扶贫脱困结合，走可持续发展之路。

邛海国家湿地公园

邛海国家湿地公园是中国最大的城市湿地公园，位于四川省西昌市市郊 5 千米。总面积 37.29 平方千米，水面面积约 31 平方千米。由一期观鸟湿地、二期梦里水乡湿地、三期烟雨鹭洲湿地、四期西波鹤影湿地、五期寻梦花海湿地、六期梦回田园湿地组成，已有观鸟岛湿地公园、入口处的圆形雕塑、石刻书卷、海门桥渔人海湾区、生命之源功能区、

邛海

梦里水乡、烟雨鹭洲、西波鹤影、梦寻花海、梦回田园、夕阳渔歌等十余处景点。邛海湿地犹如一条玉带环抱在邛海周围，与邛海平如明镜的景观相得益彰，是人们休闲健身和观光娱乐的绝佳场所。

邛海为四川省第二大天然淡水湖泊，古称邛池。其成因说法不一，有牛轭湖说、古弯曲湖残余说、安宁河东南流古河道说、堰塞湖说等。邛海之水源于大气降水、流入邛海的各溪流及其区域范围的地表径流、邛海外冲积层间的地下径流、岩溶及其岩裂隙水补给4个方面，年平均水温17.8℃。鱼类区系由中国江河平原区鱼类组成，相似于同属金沙江水系的程海鱼类区系，不同于由裂腹鱼类和条鳅组成的青藏高原鱼类区系。鱼类有40多种，其中红尾副鳅、短尾高原鳅、中华倒刺鲃、云南光唇鱼和岩原鲤等是广泛分布于长江上游的种类，鲤、鲫、西昌白鱼和中华倒刺鲃等13种在云南的程海也有分布。秋末冬初，有19种候鸟来此过冬。

厦门五缘湾湿地公园

厦门五缘湾湿地公园位于福建省厦门市厦门岛东北部。湿地公园和湾区海岸线占地面积约100万平方米，其中水域面积约18万平方米，陆域面积约82万平方米，湾区海岸线长约8千米。

2005年按照保护修复为主、重构为辅的原则，在不破坏原有生态的基础上进行湿地公园建设，于2006年底建成对外开放。公园前身为污染严重的滩涂，对周围环境影响较大。公园概念设计方案提出，以保护、修复为主，营造一个绿色原生态的湿地公园。秉承该理念，湿地公园在建设过程中，最大限度地保留了原有的植被，并种植了台湾相思树、木槿、银合欢、睡莲等植物。园区良好的生态环境为鸟类提供了绝佳的栖息地，这里不仅是厦门岛内主要的鹭类集群繁殖地，每年 3 月大批白鹭会在此筑巢、繁殖，更是栗喉蜂虎的保护区，同时也是候鸟南北迁徙的重要"驿站"。据统计，有黑天鹅、野鸭等 9 科 25 种湿地水鸟和 17 科 29 种山林和农田鸟类在此生息鸣唱。

公园内设有原生植被保育区、湿地核心保护区、红树林植物区、天鹅湖休闲区、鸟类观赏岛、迷宫、花溪、感恩广场、上古沙滩、海上木栈道等，有"新城市会客厅"之美誉。

在休闲设施方面，公园沿线布设了环湖休闲步道、水上木栈道、亭、台、楼、阁、堤、拱桥等设施。游客可以坐在水榭的观景阳台上远看五桥如环相映，亦可漫步在木栈道上观赏睡莲和水鸟，尽情享受人与自然和谐共处的美好时光。

厦门五缘湾湿地公园

2017 年初对五缘湾湿地公园进行"莫兰蒂"台风灾后重建与提升，对破损的设备设施进行修复，梳理与更换损毁的植物，增加抗风的本地优势树种，强化地域植物特色。同时，针对湿地公园运营 10 多年来出现的各类问题，重新规划交通路线，南北入口增设停车场，中部停车场改建为

厦门五缘湾湿地公园水上木栈道

电瓶车停车场，并增加自行车道和游园步道，实现人车分流。改造后的湿地公园更显"容光焕发"，漫步公园中，能感受绿树成荫、四季花海如梦似幻。

上海吴淞炮台湾国家湿地公园

上海吴淞炮台湾国家湿地公园原名吴淞炮台湾森林湿地公园，位于上海市宝山区塘后路 206 号，长江与黄浦江的交汇口，由湿地与陆地两部分组成。总面积 106.6 公顷，其中湿地面积达 64.2 公顷，湿地率为 60%，沿江岸线约 2250 米。

◆ 背景

清政府曾在公园原址建造水师炮台，故得名"炮台湾"。1842 年，清朝名将陈化成率水师镇守炮台，顽强抗击英军，直至壮烈殉身。在 1932 年的"一·二八淞沪抗战"期间，第 19 路军将士在这里奋起抵御日军入侵，成为炮台湾的又一重要史事。

公园原址为长江滩涂湿地，其陆域部分是从 20 世纪 60 年代起由钢渣陆续回填而成的。2005 年，上海宝山区政府为改善区域生态环境，在此建造湿地公园。2007 年 5 月公园一期建成开放，2011 年 10 月二期建成开放。2016 年 8 月，公园成功创建为国家湿地公园。

建成后的吴淞炮台湾国家湿地公园突显"环境更新、生态恢复、文化重建"的设计理念，保留长江滩涂的原生态风貌，并利用地方文脉、军事文化渊源及一系列新建设的相关休闲活动设施，使公园具备集科普教育、休闲娱乐、观光旅游于一体的功能。先后荣获"上海市五星级公园"等称号和"中国人居环境范例奖""2010年国际风景园林师联合会亚太区第七届风景园林管理类杰出奖"等奖项。

◆ **主要景点**

公园动植物种类丰富，有各类植物359种，鸟类超60种，常见鸟类有白鹭、斑嘴鸭、银鸥、家燕、乌鸫、白头鹎等。主要景点有近海与海岸湿地、吴淞炮台纪念广场、长江河口科技馆、矿坑花园等。

近海与海岸湿地。公园的精髓所在，是上海为数不多保存完好的天然滨江湿地。包括河口水域和潮间盐水沼泽两个湿地型，遍布典型的河口地貌，与长江口特有的动植物资源特别是迁徙水鸟构成绚丽多彩的河口湿地景观，对于长江河口鸟类监测和保护具有重要意义。

滨江湿地

吴淞炮台纪念广场。为缅怀、纪念陈化成、"一·二八淞沪抗战"第19路军将士等民族英雄，讴歌不屈不挠的爱国主义传统，传承自强不息的中华民族精神而建。炮台纪念广场由"威严之阵""英武之塑"和"下沉展窗"3部分组

吴淞炮台纪念广场

成，形成广场高台、广场中轴、广场斜坡和下沉展点相结合的梯状展示构架。广场最顶端，是一门经历无数战役的清代古炮，两侧各一枚部队赠送的海防暗炮。

长江河口科技馆。以长江河口历史演变为背景的融科普、教研为一体的中国首家以河口科技为主题的专业展览馆。馆内设 5 个展厅和 1 个四维影院，在了解长江河口的同时，展示河口科研、河口工程以及河口航运资源，展现宝山河口历史变迁中人文、历史、科技的重要价值。

矿坑花园

矿坑花园。将工业遗存的矿渣坑按照盆景园的形式建设，主要有青石山体、"钢之花"景墙、"钢铁是怎样炼成的"浮雕、石屋花园、半亭、鱼骨种植带等。矿坑花园内小溪水因受溪底的矿渣影响，常年呈现蓝绿色。

苏州太湖国家湿地公园

苏州太湖国家湿地公园位于江苏省苏州市西部，与中国"刺绣艺术之乡"镇湖镇毗邻，西枕太湖，东接东渚，南连光福，规划总面积460 公顷，主要为鸟类和鱼类提供栖息地，是自然与文化相融、原始与时尚相结合的生态旅游休闲景区。一期2007 年建成，对外开放230 公顷，投资近 4 亿元人民币。2009 年 12 月被评为国家级湿地公园。

　　苏州太湖国家湿地公园汇集湿地渔业体验区、湿地展示区、湿地生态栖息地、湿地生态培育区、水乡游赏休闲区、湿地生态科教基地、原生湿地保护区等七大功能区。景区内有桃源人家、桑梓人家、七桅古船、渔矶台、槿篱茅舍、半岛茗茶、青云画舫、烟波致爽等景点，集生态环境、度假休闲、旅游观光、科普教育为一体。

新疆赛里木湖国家湿地公园

　　新疆赛里木湖国家湿地公园位于新疆维吾尔自治区博尔塔拉蒙古自治州博乐市境内，天山山脉北麓西段。湿地公园总面积 1301.4 平方千米。湿地公园周围山脉最高海拔 4180 米。属温带大陆性气候，冬季漫长、严寒，夏季短促、炎热，春季、秋季天气变化剧烈。动植

赛里木湖风光

物资源丰富，有野生植物 639 种，野生动物 143 种。赛里木湖是喜马拉雅造山运动和第四纪冰川综合作用形成的地堑式山间断陷盆地，是由 26 条山泉和 20 多条季节性山溪汇集而成的湖泊；早期是外泄湖，随着湖水量减少，形成闭塞无出口的山间湖泊。赛里木湖是新疆境内海拔最高、面积最大的高山冷水湖泊；水域面积约 458 平方千米，海拔 2073 米；东西长 29.5 千米，南北宽 23.4 千米，最大水深 92 米，总蓄水量约 210

亿立方米。赛里木湖水质透明度达 12 米,湖水的颜色像蓝宝石般绚丽。1989 年赛里木湖被批准为省级风景名胜区。2004 年被批准为国家重点风景名胜区。2014 年新疆赛里木湖国家湿地公园通过试点验收,正式成为国家湿地公园。

新疆乌鲁木齐柴窝堡湖国家湿地公园

新疆乌鲁木齐柴窝堡湖国家湿地公园位于新疆维吾尔自治区乌鲁木齐市达坂城区的柴窝堡盆地内。柴窝堡湖为天然冷水性湖泊,面积约30 平方千米,形似核桃状,平均水深 4 米,最深处约 7 米,由湖北面的博格达峰冰雪融水及湖南面的公格尔山冰雪融水汇集而成;湖水含盐量较高,湖内水生生物较少。柴窝堡湖是乌鲁木齐市最大的水面,也是乌鲁木齐地区早期人类生息繁衍之地。2009 年获

柴窝堡湖

批成为国家试点湿地公园。2016 年晋升为国家级湿地公园,并定为现名。园内栖息的野生动物有国家 I 级重点保护野生动物北山羊、黑鹳,有国家 II 级重点保护动物马鹿、鹅喉羚等。植物以沙漠灌丛、沼泽湿地植被和部分乔木为主,还有山杨、柽柳、芦苇、香蒲、荆三棱、水麦冬等。湿地公园以柴窝堡湖为核心,以浓郁的新疆风情为特色,将柴窝堡湖湿地保护与恢复、科普宣教和休闲娱乐相结合,旨在维护柴窝堡湖生态系

统的健康，展示湿地生态功能，体现细石器文化和古丝绸之路文化。

云雾山国家湿地公园

云雾山国家湿地公园位于重庆市璧山区云雾山湿地生态带核心地区。占地面积 400 公顷。包含青龙湖、三江水库、凤凰湖、周家沟水库、凉水水库、青云水库、大林水库等 20 多个水库，以及青龙湖公园、中华养生园、凤湖仙山湿地生态大世界。

云雾山湿地分自然湿地和人工湿地两大类型：①自然湿地。包括山地溪源湿地、终年河道湿地、间隙河湿地、河滩湿地、浅水湖湿地、湖滩湿地 6 个亚型。②人工湿地。包括水生植物种植田（如稻田、藕塘、水生蔬菜田等）、水生动物养殖池塘（如鱼塘）、人工蓄水池、水库 4 个亚型。

云雾山湿地资源除了具有山地湿地的典型特征之外，湿地的立体分布颇具特色，从山顶到山腰，再到山麓，依次分布着三个主要的湿地梯度带，即山顶溪源湿地带，山腰湖库湿地带，山麓稻田湿地带。

云雾山湿地生态带孕育了丰富的湿地生物资源。调查表明，共有水生和湿地植物 100 余种；湿地植物群落包括沉水植被、浮水水生植被、挺水水生植被、湿地草甸 4 类。湿地动物有水鸟、鱼类、两栖类、水生昆虫等，其中湿地鸟类 28 种，鱼类 33 种。

浙江杭州湾国家湿地公园

浙江杭州湾国家湿地公园位于浙江省宁波市杭州湾新区西北，杭州湾跨海大桥南堍西侧。总面积 63.8 平方千米。2005 年杭州湾湿地保护工程启动。2010 年湿地项目一期正式对外开放。2011 年晋升国家级湿地公园。是集湿地恢复、湿地研究和环境教育于一体的国家湿地公园和湿地生态旅游区。还是中国八大盐碱湿地之一，观鸟胜地。

杭州湾湿地

浙江杭州湾国家湿地公园属于典型的河口海岸湿地生态系统，包括沿海滩涂、离岸沙洲和塘内围垦湿地等类型，其中沿海滩涂又分为浅海水域、潮间淤泥海滩和潮间盐水沼泽等。沿海庵东滩涂还被列入中国重要湿地名录，是澳大利亚至西伯利亚候鸟迁徙线上重要的中转站，每年有上百种、几十万只候鸟在迁徙途中过境，已记录鸟类 220 余种，隶属于 18 目 45 科，包括近危鸟种青头潜鸭、罗纹鸭、黑尾塍鹬、白腰杓鹬、大杓鹬和震旦鸦雀，脆弱鸟种卷羽鹈鹕、遗鸥和黄胸鹀；还有被列入《国家重点保护野生动物名录》的普通鵟、红隼、环颈雉和小杓鹬。属亚热带季风气候，年平均气温 16℃，平均年降水量 1273 毫米。湿地的主要优势植物群落为海三棱藨草群落、互花米草群落和芦苇群落，物种、群落和生境多样性丰富，其动植物区系在中、北亚热带过渡区域的河口海岸湿地中具有代表性，也是进行河口海岸湿地生态系统定位观测研究的理想场所。建有杭州湾湿地生态系统定位观测研究站。全园分为湿地教育中心和展示、涉禽和游禽活动、处理湿地、水禽栖息地、鹭鸟繁殖地及有林湿地区域五个功能区域，有长廊曼回、溪影花语、天鹅戏晖、乌篷樵风、碧沙宿鹭、蒹葭秋雪、麋鹿悠游、镜花水月、林光罨画、巢林鹩归十景。公园内建有候鸟博物馆和迁徙之旅 6D 动感影院。

浙江丽水九龙国家湿地公园

浙江丽水九龙国家湿地公园位于浙江省丽水市城区西偏南方向，距城区 8～30 千米，是浙江省连片面积最大的河流湿地。处在瓯江大溪自然段，从玉溪水利枢纽大坝以下至南明湖回水尾部的白岩大桥处，包括大溪干流两岸的防护林带、泛洪湿地、水体及少量沿江的自然山体。公园规划设湿地文化展示区、湿地保护保育区、湿地科普教育区、湿地旅游休闲区、生态湿地修复区、公园管理服务区 6 个区块。总面积 16.86 平方千米。其中水域面积 5.96 平方千米，占总面积的35.35%。湿地公园是沼泽－滩涂－森林沼泽生态系统，在国内也是比较罕见的防洪湿地公园。2008 年成立，2016 年被批准为国家级湿地公园。

瓯江水造就了湿地公园滩、泽、圩、岛、林的景观。8 处生态防护林带面积约 160 公顷，河滩以白茅、芒草、枫杨、南川柳、毛竹林等先锋种群为主要群落，局部有马屋松、香樟林等稳定群落，木本植物有93 科 278 属 655 种之多，河滩森林是中国南方河流与生态系统的典型。野生鱼类有 80 多种，鸟类有白鹭、水鸭、喜鹊、苍鹰等，哺乳类有野猪、水獭、黄鼠狼等，爬行类有龟、蛇、鳖、鼋等。

九龙国家湿地公园人文景观有堰头古老拱形大坝与水上立交桥（三洞石涵建筑），保定、白桥的古瓷窑，碧湖西乡独特集市、农耕民俗与节庆活动，有龙子庙、资福庙、广福寺庙会。资福村古县治遗址尚存古城冈、县头山、城塘等；碧湖有老街、沈氏古宅、沈氏宗祠等。

浙江临海三江国家城市湿地公园

浙江临海三江国家城市湿地公园位于浙江省临海市永丰镇三江村，地处灵江、永安溪、始丰溪三条河流的汇合处，是典型的滨海感潮湿地公园。东西长约 6000 米，南北宽约 1300 米，包括 6000 米长、250 米宽的灵江江面，总面积 7.76 平方千米。2007 年被列入国家城市湿地公园。2014 年入选浙江省重要湿地名录。

公园地势低洼，有大片江涂、河汊、水塘，有着独特的潮汐湿地景观，植被以水杉林为主体，伴有部分农田，保持比较原生态的景观形象。生物种类丰富，各种鸟兽鱼禽时有出没。共记录有 885 种生物，包括植物 381 种，动物 504 种。其中，国家重点保护野生植物 2 种，国家 II 级保护动物 7 种。

浙江衢州乌溪江国家湿地公园

浙江衢州乌溪江国家湿地公园位于浙江省衢州市，北起黄坛口水库大坝、南至湖南镇水库衢江区与遂昌县交界处，范围面积 124 平方千米，其中湿地面积 28 平方千米。包括黄坛口水库（又称九龙湖）和湖南镇水库（又称乌溪江水库、仙霞湖）两大库塘湿地，注入两大人工湖的溪流湿地，以及水体两侧第一层小山脊内、与该流域湿地生态系统保护密切相关的部分山林。湿地公园以钱塘江水系衢江支流乌溪江上的饮用水源和生物多样性为重点保护对象，以高峡库塘湿地和山区河流湿地为核心，以山水景观、水利文明、山区村落文化、节理地质为特色，集水源供应、湿地科普教育、综合利用示范、防洪减灾等功能于一体。2009年被列为国家湿地公园试点。2015年通过验收。

公园内湖水清澈凝碧，蕴翠含黛，两岸奇峰怪石，临湖倒影，峻峭多姿。水域辽阔，植被丰富，生物类群众多。公园内有维管束植物1186种，其中国家Ⅰ级保护植物2种、国家Ⅱ级保护植物7种；湿地维管束植物93科254属369种，占浙江省湿地维管束植物种数的33.5%。有水生无脊椎动物45种，脊椎动物240种（占浙江省脊椎动物种数的27.9%），其中国家Ⅰ级保护动物4种（如中华秋沙鸭），国家Ⅱ级保护动物18种。公园内空气负离子含量高，平均4770个/厘米^3。水质达Ⅱ类水标准，属优质饮用水源。景点还有鱼山古村、湖南镇水库旁的岩石柱状节理等。

浙江玉环漩门湾国家湿地公园

浙江玉环漩门湾国家湿地公园位于浙江省乐清湾东部玉环漩门湾。公园集湿地保护、科研宣教、生态体验和文化传承为一体，分为生态保育区、恢复重建区、科普宣教区、合理利用区和管理服务区5个功能区。总面积31.48平方千米，其中浅海滩涂7.06平方千米，水域16.7平方千米。2008年成为全国围垦工程中唯一的国家级水利风景区。2011年被列为国家级湿地公园试点。2016 年通过验收。2013 年入选全国中小学环境教育社会实践基地。

园内湖海一线相隔，兼有湖泊湿地与浅海滩涂湿地双重特征，湿地类型多样，包括近海与海岸湿地、河流湿地、沼泽湿地和人工湿地等，主体水质达到Ⅲ类标准。聚集了极其丰富的动植物资源。初步记录有鸟类 154 种，分属 16 目 41 科，湿地水鸟众多。浙江玉环漩门湾国家湿地公园是世界濒危物种黑嘴鸥在中国的最主要越冬区之一，还能观察到世界极危物种黑脸琵鹭和国家Ⅱ级重点保护动物白琵鹭，黑脸琵鹭数量达全球整个种群的 3%。有野生和栽培植物 475 种（包括变种），分属 111 科。优势植被主要有木麻黄桉树林、柽柳群落、互花米草群落、盐地碱蓬群落、白茅群落、芦苇群落、水烛群落、穗花狐尾藻群落等。

浙江诸暨白塔湖国家湿地公园

位于浙江省诸暨市北部浦阳江流域，是河网湖泊型农耕湿地公园。白塔湖湿地区域面积 6400 公顷，其中公园规划总面积约 1386 公顷，水域面积 425 公顷，共有 78 个岛屿，形态各异，湖内河网交错，自然曲折。园区集渔业观光、农业灌溉于一体，呈现"湖中有田、田中有湖、人湖共居"景象，有"浙中小洞庭"的美称，是典型的水乡泽国、鱼米之乡。2009 年被列入国家湿地公园试点。2015 年通过验收。2014 被评为国家 AAA 级旅游景区并列入浙江省重要湿地名录。

园区湖内河渠港汊众多，纵横交错。曲折多变的水道，迂回弯转的堤岛，舟移景异。在保持原生态的基础上又在湖中各岛进行了生态修复，有香草岛、桃花岛、樱花岛、水生植物观赏岛、月季岛、紫薇岛和彩色水稻岛。稻田总面积约 900 公顷，水稻年产量达 636 万公斤。水产主要有鲤鱼、草鱼、鲢鱼、鳙鱼、鲫鱼等淡水鱼类，湿地内的白塔湖国营渔场有水域 350 公顷，年产鱼 13 万公斤左右。公园内有维管植物 599 种（含亚种、变种或变型），其中蕨类植物 16 科 20 属 23 种，裸子植物 6 科 10 属 11 种，被子植物 108 科 376 属 565 种。有国家Ⅱ级保护植物野菱、野荞麦、野大豆，栽培的保护植物有银杏、水杉和香樟。鸟类 15 目 40 科 120 种，其中水鸟占 6 目 8 科 35 种，林鸟占 9 目 32 科 85 种，其中国家Ⅱ级保护动物有赤腹鹰、小鸦鹃、东方草鸮、斑头鸺鹠、领角鸮、长耳鸮。

湿地自然保护区

湿地自然保护区是以湿地生态系统或珍稀濒危湿地生物及其生境为主要保护对象的自然保护区。

按照自然保护区的级别划分原则，可以将湿地自然保护区分为国家级湿地自然保护区和地方级湿地自然保护区。地方级湿地自然保护区分为省（自治区、直辖市）级、市（自治州、盟）级和县（自治县、旗、县级市）级。中国已经建立了以湿地自然保护区为主体，湿地公园和湿地保护小区并存，其他保护形式互为补充的湿地保护体系。

2004 年，中国共有 353 处湿地自然保护区，40% 的自然湿地以湿地自然保护区的管理形式受到保护。2007 年，中国共建成各级湿地类型自然保护区 553 处，总面积达 4780 万公顷，其中国家级湿地自然保护区为 87 处。2013 年，中国自然保护区保护的湿地面积达 1633.54 万公顷，占中国湿地保护面积的 70.28%。2017 年，中国已建各级各类湿地自然保护区 602 处，其中内陆湿地自然保护区 383 处，面积 3111 万公顷。按照中国的自然保护区分类标准，湿地自然保护区主要包括了内陆湿地与水域生态系统类型，部分海洋和海岸生态系统类型，以及部分野生动物和野生植物等类型的自然保护区。湿地自然保护区的主管部门以林业部门为主，还有环保、海洋、水利、水产、住建、农业、农垦和森工等部门。中国最早的国家级湿地自然保护区为 1975 年设立的青海湖国家级湿地自然保护区。三江源自然保护区是中国面积最大的湿地自然保护区，总面积达 1523 万公顷，是世界高海拔区域生物多样性最集中和生态最敏感的地区。黑龙江省是中国设立湿地自然保护区数量最多的省份。

湿地自然保护小区

湿地自然保护小区是面积较小、由地方行政机构设定的予以特殊保护管理的湿地区域，具有明确的保护对象，又称湿地保护小区。

湿地保护小区一般不划分核心区、缓冲区和实验区。2004 年，中国对不具备条件划建自然保护区的湿地，采取建立湿地保护小区等形式加强湿地的保护管理。中国在《湿地保护管理规定》（2013）、《国家林业局关于修改〈湿地保护管理规定〉的决定》（2017）中，分别提出可以采取湿地保护小区等形式加强湿地保护，并通过一些地方性的湿地保护法律、法规做了较为具体的建设要求。例如，《吉林省湿地保护条例》（2011）中提出对尚不具备条件建立湿地自然保护区和湿地公园的，可以建立湿地保护小区，具体管理参照自然保护区有关规定执行。《北京市湿地保护条例》（2013）中明确提到"具有湿地自然保护区部分特征，但面积较小、不适宜设立湿地自然保护区或者湿地公园的湿地，可以设立湿地自然保护小区"，同时还明确规定在湿地自然保护小区内，只能开展科学实验和保护、监测等必需的湿地生态系统保护活动。

湿地自然保护小区是湿地自然保护区的有效补充，与湿地自然保护区和湿地公园等共同组成了中国的湿地保护体系，对于保护地方重要湿地、水资源及野生动植物资源具有重要作用。

贝壳堤岛与湿地国家级自然保护区

贝壳堤岛与湿地国家级自然保护区位于山东省滨州市无棣县县城北60千米处，渤海西南岸，东至套儿河，西至漳卫新河，北至浅海 -3 米等深线，是海洋自然遗迹类型的自然保护区。总面积 43541.54 公顷，其中核心区面积 15547.28 公顷，缓冲区面积 13559.27 公顷，实验区面积 14434.99 公顷。贝

贝壳滩脊海岸

壳堤岛全长 76 千米，贝壳总储量达 3.6 亿吨，为世界三大贝壳堤岛之一。

区内分布有两列古贝壳堤：①第一列在保护区南端，长40千米，埋深0.5～1米，贝壳层厚3～5米，距今5000年。②第二列在保护区北部，长22千米，由40余个贝壳岛组成，岛宽100～500米，贝壳厚3～5米，属裸露开敞型，距今2000～1500年。该保护区是世界上贝壳堤最完整、唯一的新老贝壳堤并存的以保护贝壳堤岛与湿地生态系统和珍稀濒危鸟类为主体的保护区，是东北亚内陆和环西太平洋鸟类迁徙的中转站，是研究黄河变迁、海岸线变化、贝壳堤岛的形成等环境演变及湿地类型的基地。2002年列为省级自然保护区。2006年列为国家级自然保护区。

该保护区地势较为低平，有山东省最宽广的滨海湿地带。贝壳堤与海岸大致平行或交角很小，为堤状地貌堆积体，由海生贝壳及其碎片和细砂、粉砂、泥炭、淤泥质黏土薄层组成。贝壳堤组成规模宏大的贝壳滩脊海岸。有落叶盐生灌丛、盐生草甸、浅水沼泽湿地植被等植物共350种。野生珍稀动物达459种。有文蛤、四角蛤、扁玉螺等贝类和鱼、虾、蟹、海豹等海洋生物50余种；野生动物有豹猫、狐狸等6种；两栖爬行动物有东方铃蟾、黑眉锦蛇等8种；国家Ⅰ级重点保护野生动物大鸨、白头鹤，国家Ⅱ级重点保护野生动物动物大天鹅等鸟类45种。

额尔齐斯河科克托海湿地自然保护区

额尔齐斯河科克托海湿地自然保护区位于新疆维吾尔自治区哈巴河县额尔齐斯河、别列孜尔克河沿岸，以及中国与蒙古国边境地区，是湿地类型的自然保护区。东西宽约45千米，南北长约50千米。总面积99043平方千米。建立于2005年，为自治区级自然保护区。主要保护对象为内陆干旱、半干旱荒漠湿地生态系统。额尔齐斯河是中国唯一一条北冰洋水系的国际性河流；额尔齐斯河与哈巴河、别列孜尔克河和阿拉克别克河等额尔齐斯河支流，共同构成额尔齐斯河科克托海湿地的补给水源。保护区野生动植物资源丰富，植被可分为森林、灌丛、草原、草甸、荒漠、沼泽、水生植被 7 个植被类型。其中，野生维管束植物有 69 科 208 属 418 种，包括蕨类植物 4 科 4 属 8 种、裸子植物 2 科 2 属 5 种、被子植物 63 科 202 属 405 种。野生脊椎动物有 5 纲 28 目 67 科 263 种，包括鱼类纲 5 目 9 科 26 种、两栖纲 1 目 2 科 2 种、爬行纲 1 目 3 科 13 种、鸟纲 15 目 39 科 182 种、哺乳纲 6 目 14 科 40 种。在野生脊椎动物中，有国家 I 级重点保护野生动物 5 种、国家 II 级重点保护野生动物 43 种。保护区内的白桦林景区、白沙湖－鸣沙山景区等是阿勒泰地区风景名胜的重要组成部分。

帕米尔高原湿地自然保护区

帕米尔高原湿地自然保护区位于新疆维吾尔自治区克孜勒苏柯尔克孜自治州阿克陶县南部，是湿地类型的自然保护区。总面积 12.56 万公顷，其中核心区 3.768 万公顷、缓冲区 8.164 万公顷、实验区 0.628 万公顷。建立于 2005 年，为自治区级自然保护区。主要保护对象为湿地生态系统。保护区海拔 3300～3800 米，自然条件恶劣。帕米尔高原湿地是草甸、草原带沙生植被、水生植被、沼泽及河漫滩植被的典型分布地带。植物资源丰富，有小沙冬青、薹草、小薹草、马兰、冰草、水麦冬、委陵菜、棘豆、披碱草、针茅、马先蒿、报春花、麻黄、雪莲花、沙棘、蒲公英、锦鸡儿、甘草、梭梭、盐爪爪、柴胡、木贼等 150 余种植物。其中，沙冬青、雪莲花、甘草、梭梭属国家Ⅱ级重点保护野生植物。保护区的野生动物有兽类 12 种、鸟类 100 余种。其中，属国家Ⅰ级重点保护野生动物的有雪豹、北山羊、胡兀鹫、黑鹳等，

帕米尔高原湿地

属国家Ⅱ级重点保护野生动物的有盘羊、暗腹雪鸡、猎隼、猞猁、石貂、棕熊、大天鹅、岩羊、矛隼、游隼、燕隼等。

若尔盖湿地国家级自然保护区

若尔盖湿地国家级自然保护区位于四川省阿坝藏族羌族自治州若尔盖县境内，是以保护黑颈鹤、白鹳等珍稀野生动物及高原沼泽湿地生态系统为主的自然保护区。东西宽 47 千米，南北长 63 千米，面积约 1670 平方千米。1994 年建立县辖自然保护区。1997 年升级为省级自然保护区。1998 年升级为国家级自然保护区。2008 年被列入《国际重要湿地名录》。主要河流有嘎曲、墨曲和热曲，均从南向北汇入黄河。属高原山地气候，气候寒冷湿润。

保护区生态环境极其复杂，生态系统结构完整，生物多样性丰富，生物特有种多，是中国生物多样性典型地区，也是世界高山带物种最丰

富的地区之一。有高等
植物 196 种，泥炭沼泽
广泛发育，沼泽植被发
育良好。有脊椎动物
218 种，其中被列入《国
家重点保护野生动物
名录》的 I 级保护动物
有黑颈鹤、白鹤、黑鹳、

若尔盖沼泽湿地

金雕、玉带海雕、白尾海雕、胡兀鹫 7 种。保护区是黑颈鹤集中繁殖区
域，也是重要水源涵养地。

上海长江口中华鲟湿地自然保护区

上海长江口中华鲟湿地自然保护区位于上海市崇明岛最东端，北起
八滧港，南至奚家港，包括由崇明东滩已围垦的外围大堤与吴淞标高 5
米等深线围成的水域。是以中华鲟及其赖以栖息的生态系统为主要保护
对象的野生生物类型自然保护区，还是中国水生野生动物保护区中的第
一块国际重要湿地。保护区总面积 576 平方千米，核心区 276 平方千米，
缓冲区和实验区 300 平方千米。2008 年 2 月被列入《国际重要湿地名录》。

地处中国鱼类生物多样性最丰富、渔产潜力最高的长江河口区域，
是地球上生产力最高的生态系统之一，是海洋生物营养物质的重要来源
地，许多广盐性的生物种类在这里完成部分或全部生活史，其中中华鲟
集中产卵及幼鱼生长过程都在这里完成，具有生境自然原始、湿地类型

典型、湿地功能独特等特征。

中华鲟是一种大型江海洄游性珍稀鱼类，是古棘鱼类的一支后裔，与距今 1.5 亿年前白垩纪的恐龙为同时代的孑遗种类，被誉为鱼类的活化石、水中熊猫和爱国鱼，被列入《国家重点保护野生动物名录》（一级保护动物），《世界自然保护联盟濒危物种红色名录》和《濒危野生动植物种国际贸易公约》附录Ⅱ。其生活史主要在中国近海与长江口，主要栖息于中国东海、黄海、台湾海峡等大陆架水域和长江干流，每年 5～6 月，上一年秋季繁殖的中华鲟幼鱼由长江中游降河洄游到达长江口，集中在崇明东滩咸淡水域索饵生长，并逐渐适应海水环境，8 月后在长江口浅滩区摄食育肥，并在 8～9 月陆续进入浅海生活。长江口水域既是中华鲟幼鱼降河洄游的唯一通道和集中栖息地，同时也是幼鱼入海前摄食肥育和进行生理适应性调节的重要场所，因此长江口中华鲟幼鱼的保护是中华鲟物种保护的关键环节之一。

除中华鲟外，保护区还分布有白鲟、江豚、绿海龟、胭脂鱼、鲥、松江鲈、玳瑁、抹香鲸、小须鲸、蓝鲸等多种珍稀野生动物。湿地内植物以浮游植物为主，记录到 68 属 132 种，其中硅藻 37 属 93 种，占总种数 70.5%；绿藻 17 属 20 种，占总种数 15.2%，浮游植物的密度达 222.42 万个 / 米^3，丰富的湿地浮游植物为鱼类的生长繁衍提供了物质保障。

天津北大港湿地自然保护区

天津北大港湿地自然保护区位于天津市滨海新区东南部，距渤海湾

6 千米，与天津贝壳堤相邻。是以保护湿地生态系统、生物多样性和珍稀濒危鸟类及其栖息地为主要内容的自然保护区。主要包括北大港水库、沙井子水库、钱圈水库、独流减河下游、官港湖、李二湾和沿海滩涂等，

总面积 348.87 平方千米。其中，核心区 115.72 平方千米，缓冲区 91.96 平方千米，试验区 141.19 平方千米。建立于 1998 年，2001 年晋升为市级湿地自然保护区。

北大港湿地

保护区地貌属海积、湖积平原，地势低洼，多潟湖、碟形洼地和港淀，地面高程 3.88～5.08 米。暖温带半湿润大陆性季风气候，四季分明，年平均气温 12℃，无霜期 211 天。土壤类型主要有潮土和盐土两类，以潮土分布面积最广。是天津市面积最大的湿地自然保护区，生物多样性丰富，主要为：①植物。有高等植物 174 种，主要有水葱、香蒲、苦草、马来眼子菜、狐尾藻、金鱼藻、黑藻、稗子、碱蓬、角碱蓬、柽柳等，植物以单种群集，形成植物群落。湿地内芦苇覆盖度达 90%。②动物。北大港湿地是东亚至澳大利亚候鸟南北迁徙的必经之地，每年春、秋两季迁徙鸟类种类 140 余种，数量数十万只以上。其中，被列入《国家重点保护野生动物名录》的 I 级保护鸟类有丹顶鹤、白鹳、黑鹳、白鹤、遗鸥、大鸨 6 种，被列入《国家重点保护野生动物名录》的 II 级保护鸟类有海鸬鹚、大天鹅、小天鹅、疣鼻天鹅、白额雁、灰鹤、白枕鹤等 17 种。

常见候鸟有各种雁、野鸭、苍鹭、鹬等。此外，还有软体、甲壳、多毛类动物 270 种，鱼类 10 余种，爬行类动物 13 种，哺乳类动物 13 种。北大港湿地具有泄洪、滞洪、抵御旱涝、调节气候、容纳空气飘尘等作用，已逐渐在生活区和工业区之间形成生态屏障。

天津大黄堡湿地自然保护区

天津大黄堡湿地自然保护区位于天津市武清区东部，海河流域下游，北起崔黄口镇曹家岗路，南至上马台镇王三庄，东到大黄堡乡与宝坻区接壤，西至津围公路与曹子里乡为界。是以保护湿地生态系统、生物多样性和珍稀濒危鸟类及其栖息地为主要内容的自然保护区。总面积 104.65 平方千米。其中，核心区面积 40.15 平方千米，缓冲区面积 30.32 平方千米，试验区面积 34.18 平方千米。行政区域包括大黄堡乡大部分、崔黄口镇南部和上马台镇北部。建立于 2004 年，2005 年晋升为市级自然保护区，是天津市唯一具有良好湿地植被的天然湿地生态系统。

保护区地貌属海积－冲积平原，地势平缓低洼，常年积水。暖温带半湿润大陆性季风气候，四季分明，年平均气温 11.6°C，年均降水量 578.3 毫米。地表水系属海河流域，流经保护区的河流主要有龙凤新河、柳河干渠、黄沙河排水干渠、东粮窝引河 4 条。

大黄堡湿地

　　大黄堡湿地是野生动植物物种良好的基因库和鸟类的重要栖息地，生物多样性丰富，主要为：①植物。植物种类繁多，已查明植物有238种。植物以芦苇和碱蓬等水生和沼生植物为主，有被列入《中国珍稀濒危植物名录》的Ⅱ级保护植物短绒野大豆。②动物。大黄堡湿地是东亚至澳大利亚候鸟迁徙的必经之地，有鸟类230多种。其中，被列入《国家重点保护野生动物名录》的Ⅰ级保护鸟类有黑鹳、丹顶鹤、白鹤、白头鹤、大鸨，被列入《国家重点保护野生动物名录》的Ⅱ级保护鸟类有灰鹤、白枕鹤、白琵鹭、大天鹅、小天鹅等28种。此外，还有哺乳类动物16种、两栖类和爬行类动物12种、鱼类25种、昆虫119种。保护区的建立为珍稀濒危动植物的生存和繁衍提供了良好的环境，也是构筑生态宜居高地、推进南北生态保护区建设的重要组成部分，对保护天津市生态环境具有重要意义。

天津古海岸与湿地国家级自然保护区

　　天津古海岸与湿地国家级自然保护区位于天津市东部、渤海湾西岸的滨海平原地区，包括滨海新区、津南区、宝坻区和宁河区的部分区域。是以保护贝壳堤、牡蛎礁古海岸遗迹和湿地自然生态系统为主的自然保护区。建立于1984年，1992年晋升为国家级海洋类自然保护区。总面积359.13平方千米。保护对象主要由贝壳堤、牡蛎礁和七里海湿地3个组成部分。

◆ 贝壳堤

　　贝壳堤是在河流、潮汐、风浪的外力作用下，由海生贝壳及其碎片和细砂、粉砂、泥炭、淤泥质黏土薄层组成的堤状地貌堆积体。位于渤海湾西岸，天津市东部沿海平原。贝壳堤呈南北走向，平行于现代海岸分布。高 0.5～5 米，长约 60 千米，总跨度宽约 36 千米，相邻两堤最大距离约 18 千米。横剖面呈顶部上凸、两翼减薄至尖灭的形态。贝壳堤由毛蚶、四角蛤蜊、文蛤、青蛤、强棘红螺、托氏昌螺、杜氏笋螺、扁玉螺、缢蛏和竹蛏等贝壳组成，自东向西分为 4 道。①第一道贝壳堤。北起滨海新区蛏头沽，经北塘、新河、塘沽、驴驹河、高沙岭、唐家河，直到到马棚口，形成于距今 1790～200 年。②第二道贝壳堤。北起白沙岭，向南经板桥农场三分场至滨海新区上古林一带，形成于距今 2600～1500 年。③第三道贝壳堤。北起荒草坨，向南经崔家码头、巨葛庄、中塘直到薛卫台一带，形成于距今 3800～2800 年。④第四道贝壳堤。从北向南分布在甜水井、大苏庄、树园子直到河北省境内，形成于距今 4700～4500 年。贝壳堤标志着渤海湾西岸不同时期古海岸线的大致位置，是古海岸及海陆变迁的重要佐证和珍贵遗迹。其与美国圣路易斯安纳州贝壳堤、南美苏里南贝壳堤并称为世界三大贝壳堤，在国际第四纪地质研究中占有重要地位。在第二道贝壳堤一处保存完好的古海岸遗迹剖面上，建有中国古林古海岸遗址博物馆，馆内生动形象地展现古林古海岸的沧海桑田。

◆ **牡蛎礁**

牡蛎礁是以牡蛎外壳为主要成分的天然生物堆积体，形成于潮下带、半咸水潟湖河口环境。分布在天津滨海平原，主要为海河以北、宝坻区南部、宁河区中部及东部地区，核心区位于宁河区俵口镇。形成年代为距今 7000～3000 年，由长重蛎和近江重蛎组成。剖面堆积层级清晰，最厚处可达 5 米。牡蛎礁堆积掩埋的过程也反映了该地区的海陆变迁史。牡蛎礁和贝壳堤一样是天津古海岸与湿地国家级自然保护区独具特色的古海岸遗迹，其

牡蛎礁

堆积掩埋过程反映了地区的海陆变迁史。

◆ 七里海湿地

七里海湿地属于天津滨海地区的沼泽湿地。位于天津市宁河区西南部，距天津市区 30 千米。总面积 233.49 平方千米，其中核心区面积 44.85 平方千米、缓冲区面积 42.27 平方千米、试验区面积 146.37 平方千米。是津京唐三角地带极其难得的一片绿洲。保护区内生物资源丰富，主要为：①植物。七里海地势低洼且常年积水，水域面积在 20 多平方千米，芦苇面积 30 多平方千米，有植物 44 科 114 属 165 种。潮白河、蓟运河与上游于桥水库相连，永定新河、北京排污河与之相通。区域内，河道纵横，沟汊交织；沼泽遍地，洼地广布；芦苇丛生，草木竞秀，具有独特的原始、静谧、秀丽、朦胧之美。是天津地区温度、湿度和空气质量的调节器，其绚丽的自然风光为津门营造了一个幽静、秀美的环境，对于净化京津地区空气质量、调节区域小气候、防洪滞洪起积极促进作用。②动物。七里海不仅有大面积的芦苇和水产品，而且还是鸟类的天堂。有鸟类 200 多种，其中被列入《国家重点保护野生动物名录》的 I

级保护鸟类有 10 余种，Ⅱ级保护鸟类有 20 余种，有世界濒危鸟类红皮书中的濒危鸟类 6 种，被列入亚太地区具有特殊意义迁徙水鸟名录的鸟类有 5 种。此外，还有爬行类动物 6 种、两栖类动物 4 种、甲壳类 8 种、环节类 2 种、哺乳类动物 5 目 6 科 13 种、软体类 2 纲 19 科 28 种、鱼类 7 目 9 科 50 种、昆虫类 10 目 56 科 155 属 164 种。自然保护区有效保护了古海岸的地质遗迹，在保护生物多样性、净化空气、调节河川径流、补给地下水、改善气候和维持区域水分平衡等方面发挥了重要作用。

乌拉盖湿地自然保护区

乌拉盖湿地自然保护区位于内蒙古自治区锡林郭勒草原东部的东乌珠穆沁旗的中东部，大兴安岭南段西北山麓。面积 6959.49 平方千米。是以湿地生态系统和珍稀、濒危动植物物种为主要保护对象的保护区。2001 年建立时为盟级自然保护区，2004 年晋升为自治区级自然保护区。

保护区主体部分为高平原，东部边缘为大兴安岭山地。地面开阔坦荡、起伏平缓、切割轻缓。保护区包括乌拉盖河及其支流流域的淡水沼泽、湿草地、小型湖泊及无数池塘，大部分海拔 850 ～ 870 米。乌拉盖河发源于东北沿蒙古边界的山中，水向西流入阿乌鲁其湖盆地。境内有 5 个土壤类型：黑钙土、栗钙土、沼泽土、草甸土和盐渍土。乌拉盖草原是世界上保存最完好的天然草原，有着"天边草原"的美誉。分布有草原植被和低湿地植被 2 个植被类型，草原植被主要为羊草、针茅草；低湿地植被主要为杂类草草甸、中生禾草草甸、薹草草甸、茇茇草盐化草甸和芦苇沼泽。保护区生物资源丰富，有维管束植物 425 种，分属 60 个科 241 属。其中内蒙古黄芪、山丹、兴安升麻、甘草、手掌参为自治区重点保护野生植物。有脊椎动物 21 目 52 科 199 种，其中哺乳类 5 目 12 科 30 种、鸟类 16 目 40 科 169 种。动物资源中，以鸟类最为丰富，且大多数为游禽、涉禽等湿地鸟类。被列入《国家重点保护野生动物名录》的动物有 33 种，其中属 I 级保护动物的有金雕、丹顶鹤、大鸨 3 种，属 II 级保护动物的有白琵鹭、大天鹅、小天鹅、鸢、苍鹰、雀鹰、松雀鹰、蓑羽鹤、灰鹤、水獭、草原斑猫、猞猁、兔狲、黄羊等 30 种。区内鱼类资源也十分丰富，分布较广，有鲫鱼、鲤鱼、白鲢鱼、草鱼、泥鳅鱼、青鱼等 19 种。

本书编著者名单

编著者 （按姓氏笔画排列）

马延吉	马牧源	王　昱	王　勇	艾南山
石天戈	冯文水	宁　宇	刘　刚	米文宝
孙　盼	李　伟	李　睿	李子君	李兆江
杨　思	杨　振	杨　瑞	杨舒婷	肖红叶
吴　成	吴水荣	张　超	张小雷	张天宇
张明祥	张骁栋	张曼胤	陈立雪	陈宣良
周苏宁	郑学荣	赵欣胜	贺艳华	徐卫刚
唐承丽	宾津佑	龚明昊	崔丽娟	第宝锋
童亿勤	曾　刚	雷　军	雷茵茹	魏建刚